U0287112

21世纪先进制造技术丛书

难熔高熵合金材料设计与制备

梁秀兵　沈宝龙　仝永刚　陈永雄　张志彬　万义兴　著

科　学　出　版　社
北　京

内 容 简 介

难熔高熵合金在高温下具有优异的强度、韧性、硬度、耐磨性和抗疲劳性能，在航空航天工业、燃气轮机、核工业等高温领域发挥着极其重要的作用。本书主要讨论了难熔高熵合金材料的设计方法和制备技术，主要内容包括第一性原理模拟与热力学计算、难熔高熵合金的强韧化设计、难熔高熵合金粉体制备与增材制造技术、难熔高熵合金薄膜制备技术、难熔高熵合金的高温氧化与防护。

本书可供材料科学、凝聚态物理、计算物理、机械工程等专业领域的科研和工程技术人员、研究生或高年级本科生参考阅读。

图书在版编目(CIP)数据

难熔高熵合金材料设计与制备 / 梁秀兵等著. -- 北京：科学出版社，2025.3. -- (21世纪先进制造技术丛书). -- ISBN 978-7-03-079297-6

Ⅰ. TG132.3

中国国家版本馆CIP数据核字第20247JY970号

责任编辑：刘宝莉　乔丽维 / 责任校对：任苗苗
责任印制：肖　兴 / 封面设计：蓝正设计

科学出版社 出版
北京东黄城根北街 16 号
邮政编码：100717
http://www.sciencep.com
三河市春园印刷有限公司印刷
科学出版社发行　各地新华书店经销

*

2025 年 3 月第 一 版　　开本：720 × 1000 1/16
2025 年 3 月第一次印刷　　印张：14 1/4
字数：280 000

定价：**128.00 元**
（如有印装质量问题，我社负责调换）

"21 世纪先进制造技术丛书"编委会

"21世纪先进制造技术丛书"序

    21世纪，先进制造技术呈现出精微化、数字化、信息化、智能化和网络化的显著特点，同时也代表了技术科学综合交叉融合的发展趋势。高技术领域如光电子、纳电子、机器视觉、控制理论、生物医学、航空航天等学科的发展，为先进制造技术提供了更多更好的新理论、新方法和新技术，出现了微纳制造、生物制造和电子制造等先进制造新领域。随着制造学科与信息科学、生命科学、材料科学、管理科学、纳米科技的交叉融合，产生了仿生机械学、纳米摩擦学、制造信息学、制造管理学等新兴交叉科学。21世纪地球资源和环境面临空前的严峻挑战，要求制造技术比以往任何时候都更重视环境保护、节能减排、循环制造和可持续发展，激发了产品的安全性和绿色度、产品的可拆卸性和再利用、机电装备的再制造等基础研究的开展。

    "21世纪先进制造技术丛书"旨在展示先进制造领域的最新研究成果，促进多学科多领域的交叉融合，推动国际间的学术交流与合作，提升制造学科的学术水平。我们相信，有广大先进制造领域的专家、学者的积极参与和大力支持，以及编委们的共同努力，本丛书将为发展制造科学，推广先进制造技术，增强企业创新能力做出应有的贡献。

    先进机器人和先进制造技术一样是多学科交叉融合的产物，在制造业中的应用范围很广，从喷漆、焊接到装配、抛光和修理，成为重要的先进制造装备。机器人操作是将机器人本体及其作业任务整合为一体的学科，已成为智能机器人和智能制造研究的焦点之一，并在机械装配、多指抓取、协调操作和工件夹持等方面取得显著进展，因此，本系列丛书也包含先进机器人的有关著作。

    最后，我们衷心地感谢所有关心本丛书并为丛书出版尽力的专家们，感谢科学出版社及有关学术机构的大力支持和资助，感谢广大读者对丛书的厚爱。

熊有伦

华中科技大学

2008 年 4 月

序

高熵合金材料与传统合金材料不同，其打破了传统合金材料以单一金属元素为主元、其他元素为辅助元素的设计理念，将多种元素以等摩尔比或近似等摩尔比组成结构有序、化学无序的固溶体合金，具有高强度、高硬度、耐磨损、防腐蚀、耐高低温、抗辐照等优异性能，在航空、航天、海洋、交通、电力等领域的应用潜力巨大。其中，难熔高熵合金材料主要是由难熔金属元素组成，在高温下具有优异的热稳定性、强度、韧性、硬度、耐磨性和抗疲劳性能，在航空发动机、燃气轮机、核工业等高温领域具有广阔的应用前景。但是，难熔高熵合金材料熔点高，制备困难，聚焦难熔高熵合金材料的系统性研究比较缺乏，积累的相关数据较少，导致其设计理论发展不足。此外，难熔金属元素的抗氧化性不足，相应地，难熔高熵合金材料的抗氧化性能也较差，导致其应用过程中极易发生氧化。随着计算机技术水平的不断发展，现已可以使用第一性原理模拟和热力学计算设计难熔高熵合金材料；新的热源和制备技术不断涌现，现已可以通过真空电弧熔炼法、等离子电极雾化法、磁控溅射法、激光熔覆法等技术分别制备块体、粉体、薄膜和增材制造难熔高熵合金材料；通过包埋渗和料浆涂层技术，可以保障难熔高熵合金材料高温服役时的抗氧化防护的需求。

《难熔高熵合金材料设计与制备》一书对难熔高熵合金材料设计与制备基础理论的阐述比较全面，对难熔高熵合金材料的理论计算、成分设计、组织性能调控、制备技术开发和抗氧化防护的研究比较深入，对研究成果的总结成体系，是介绍难熔高熵合金材料设计与制备技术领域的专业书籍。该书的出版不仅对难熔高熵合金材料研究领域的工程技术人员、教师和学生具有参考和指导作用，还对推动难熔高熵合金材料工程化应用具有重要的理论价值和实践意义。

薛群基

中国工程院院士

中国科学院宁波材料技术与工程研究所

2024 年 11 月

前　言

难熔高熵合金主要是由熔点高于 1650℃的难熔金属元素 Mo、Ti、V、Nb、Hf、Ta、Cr、W、Zr 等以等摩尔比或近似等摩尔比组成，在高温下具有优异的强度、韧性、硬度、耐磨性和抗疲劳性能，在航空航天工业、燃气轮机、核工业等高温领域具有广阔的应用前景。NbMoTaW 和 NbMoTaWV 难熔高熵合金在 1600℃下的屈服强度分别为 405MPa 和 477MPa。

然而，NbMoTaW 难熔高熵合金室温塑性较差，不利于其工业应用，因此有必要研究在满足高温强度的前提下提高合金的室温塑性。此外，为了实现广泛的工程应用，其超高温力学性能数据有待完善，其制备技术有待研究。本书以 NbMoTaW 难熔高熵合金为基础，通过替换或者增减组成元素研究难熔高熵合金的计算模拟方法、设计与制备技术，通过组织结构表征与机械性能测试研究相关合金的室温和高温强韧化机制，实现超高温高强度合金研发，为设计新型超高温合金提供理论指导和研究思路。

目前，聚焦难熔高熵合金的系统性研究比较缺乏。作者团队从 2009 年开始研究高熵合金，自 2015 年起重点关注难熔高熵合金高温力学性能和制造技术，系统地开展难熔高熵合金理论计算、成分设计、组织性能调控、制备技术开发、抗氧化防护的研究工作。本书聚焦于极具超高温使用价值的 NbMoTaW 难熔高熵合金，从理论计算、相形成规律、合金设计、强韧化机理、粉体制备、增材制造、薄膜制备、高温氧化与防护等方面进行阐述。

全书共 6 章。第 1 章主要介绍难熔高熵合金的概念发展、结构与性能、制备方法、现存问题以及未来研究方向。第 2 章介绍难熔高熵合金第一性原理模拟与热力学计算方法，包括结构模型建立、力学性质计算、热力学相图计算、机器学习性能预测及势函数开发。第 3 章以具体合金成分为例介绍难熔高熵合金的强韧化设计方法与成果，包括合金元素在难熔高熵合金中的作用机制、陶瓷强化难熔高熵合金设计、难熔高熵合金计算与验证举例。第 4 章介绍难熔高熵合金粉体制备与增材制造技术，包括使用喷雾造粒+射频等离子体球化法、机械破碎+射频等离子体球化法、等离子旋转电极雾化法制备难熔高熵合金粉体，以及难熔高熵合金激光成形技术。第 5 章介绍难熔高熵合金薄膜制备技术，包括难熔高熵合金薄膜的制备方法、力学性能、热稳定性能、耐腐蚀性能和抗辐照性能及其应用前景。第 6 章介绍难熔高熵合金的高温氧化与防护，包括难熔高熵合金的高温氧化行为和难熔高熵合金表面抗氧化涂层技术。

　　本书由军事科学院国防科技创新研究院及合作院校研究团队的教师和研究生共同完成，具体分工如下：第 1 章由梁秀兵、万义兴和王洁负责撰写，第 2 章由沈宝龙、莫金勇、种晓宇和卜文刚负责撰写，第 3 章由万义兴、仝永刚、孙博、胡振峰和王倩倩负责撰写，第 4 章由陈永雄、夏铭、顾涛和鲁凯举负责撰写，第 5 章由张毅勇、张志彬和井致远负责撰写，第 6 章由张平、何鹏飞、邢悦、丁一和伊国铭负责撰写。梁秀兵和沈宝龙负责全部的统筹安排，陈永雄、程延海、王倩倩和何鹏飞在排版和校对方面做了细致的工作。作者对此表示衷心的感谢和崇高的敬意！

　　难熔高熵合金是近期研究的热点，涉及的学科多，由于作者水平有限，书中难免存在不足之处，敬请广大读者批评指正。

目　　录

第1章 绪 论

1.1 难熔高熵合金的概念发展

航空发动机、航天飞机、舰船发动机、地面燃气轮机、核电站等工业领域对高温合金的服役温度和性能需求持续提升[1-4]，传统镍基高温合金、钴基高温合金已无法满足现代工业对高温合金不断提升的需求[5, 6]。最先进的飞机发动机工作温度已经接近 2000℃，而传统高温合金的工作温度仅保持在 650~1000℃[7]，完全无法满足高温领域对结构材料的性能需求，限制了航空发动机等工业的发展。而近年来兴起的难熔高熵合金以其独特的高温性能，受到越来越多的关注。Senkov 等[8]开发的 NbMoTaW、NbMoTaWV、TaNbHfZrTi、CrNbTiVZr 等难熔高熵合金使用的组成元素全部为熔点高于 1650℃的元素，合金具有高熔点、高温高强度等诸多优点，定义为难熔高熵合金。在超过传统镍基高温合金使用极限温度（1200℃）时，难熔高熵合金仍具有较高的强度，表现出作为新型高温结构材料的巨大潜力。例如，NbMoTaW 难熔高熵合金在 1600℃时具有 405MPa 的屈服强度，产生 25% 压缩变形时仍未断裂，非常有希望应用于超高温结构材料领域。

现代社会科学飞速发展，各种技术层出不穷，却始终摆脱不了对金属材料的依赖。随着航空技术的发展，更大推力的飞机发动机对燃烧室材料提出苛刻要求，所用金属结构材料需要在 1800℃以上温度具有高强度、耐冲击、耐烧蚀、抗氧化等性能。航天技术领域要求金属结构材料在热障环境中保护航天飞机、宇宙飞船内部的人员与设施安全。舰船发动机、地面燃气轮机、核电站等领域要求金属结构材料在高温下长时安全工作，因为每次停机检修的费用和经济损失都是巨大的，在各行各业都讲究效率第一的背景下，长时、安全、可靠的高温结构材料带来的经济效益不可估量。目前，高端高温合金制造技术一直掌握在欧美等发达国家手中，对我国实行严格的技术封锁制度。随着国产大飞机项目的火热进行，国产大型飞机发动机的呼声也在高涨，而限制飞机发动机发展的关键是材料，尤其是耐高温金属材料。涡轮是喷气发动机中热负荷和机械负荷最大的部件，涡轮叶片直接承受着高温高压燃气的冲击。现代发动机性能很大程度上取决于涡轮入口燃气的温度，第五代喷气发动机的燃气温度最高超过 2000℃。目前，高端喷气发动机材料使用最高工作温度为 1070℃的镍基单晶合金，配合流体力学设计的气膜冷却技术，才能实现如此高的温度需求。具有优异耐高温性能的难熔高熵合金可以将涡轮工作温度提升至 1600℃甚至更高，引领下一代飞机发动机产品，实现技术领先。

高熵合金的概念是在 2004 年提出的[9]，最初是以五种及五种以上元素组成，每种元素的原子分数为 5%～35%，这就使得合金的熵值非常高，原子混乱度非常大。高熵合金具有优异的强度[10-13]、耐磨性[14]、抗辐射性[15, 16]、抗疲劳性[17]、抗氧化性[18]和耐腐蚀性[19, 20]等性能。20 世纪 90 年代掀起了非晶合金研究热潮，非晶形成三原则[21]的提出提供了一个新的思路：添加更多的合金元素，每种元素的原子分数相近，混乱度更大，非晶形成能力会不会更高呢？Ma 等[22]在研究共晶合金中玻璃形成能力与共晶耦合带关系时，也使用过高熵的概念，并在此之后开发出多种高熵合金。Cantor 等[23]设计出 CrMnFeCoNi 合金，并将其命名为 Cantor 合金。之后，关于高熵合金的研究逐年增多，合金体系在不断丰富[24]。高熵合金因具有传统金属无法比拟的物理、化学及力学优势，如高强度、高硬度、耐腐蚀和良好的热稳定性、抗疲劳强度、断裂强度及强耐辐射性等，被誉为最具潜力的合金材料。

1.2 难熔高熵合金的结构与性能

1.2.1 难熔高熵合金的组织结构特点

难熔高熵合金主要是以熔点高于 1650℃的难熔金属元素 Mo、Ti、V、Nb、Hf、Ta、Cr、W、Zr 等以等摩尔比或近似等摩尔比组成的合金，在高温下具有结构稳定、高强度、高硬度、高耐磨性等性能，具有优于传统镍基、钴基高温合金的高温力学性能，在飞机发动机、地面燃气轮机、火箭发动机、核电站等领域具有广阔的应用价值。图 1.1 为高温合金与难熔高熵合金不同温度的压缩屈服强度[25]。可以看出，传统高温合金 Inconel 718、Mar-M 247 和 Haynes 230 在 1200℃时屈服强度已经趋近于 0，而 MoNbTaVW 和 MoNbTaW 难熔高熵合金在 1600℃时仍然具有 400MPa 以上的屈服强度。图 1.2 为 $Nb_{25}Mo_{25}Ta_{25}W_{25}$ 难熔高熵合金在室温和 1400℃时保温 19h 的中子衍射图[26]。NbMoTaW 难熔高熵合金在室温与高温下的晶体结构相同，均为体心立方(body-centered cubic, BCC)结构，晶格常数均为 3.220Å。即使在 1400℃时保温 19h，晶体结构仍未改变。因此，难熔高熵合金具有良好的结构稳定性。

难熔高熵合金一般是以高熔点金属元素为主体，添加或不加其他元素，调节每种元素的相对含量，从而影响组织、结构、熔点等，并获得不同的性能。添加的主体元素一般有 W、Ta、Mo、Nb、Hf、Zr、Ti、V、Cr 中的 3～5 种，组合方式多样。研究较多的成分体系有 NbMoTaW 系[27-30]、HfZrTi 系[31-34]、ZrNbMo 系[35-38]等，其中广泛研究的成分为 NbMoTaW 难熔高熵合金及对其元素添加与替

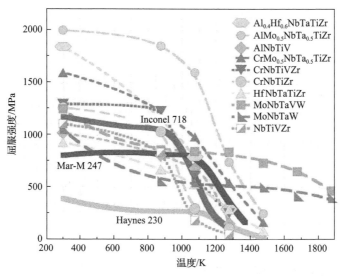

图 1.1　高温合金与难熔高熵合金不同温度的压缩屈服强度[25]

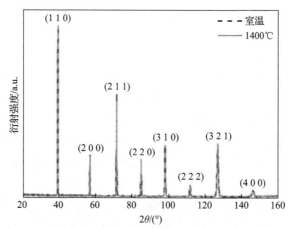

图 1.2　Nb$_{25}$Mo$_{25}$Ta$_{25}$W$_{25}$难熔高熵合金在室温和 1400℃时保温 19h 的中子衍射图[26]

换[39-41]、MoNbHfZrTi 难熔高熵合金及对其元素添加与替换[36, 38]。难熔高熵合金的显微组织一般为树枝晶组织，但也有少部分合金的显微组织为等轴晶组织。

　　难熔高熵合金的相结构大多是简单的体心立方结构固溶体，也有少部分成分在体心立方基体上析出其他相形成多相组织，如 Laves 相、B2 相、面心立方（face-centered cubic, FCC）结构相或其他金属间化合物，第二相的析出有利于合金强度的提高。Laves 相一般出现于含有 Cr、Zr 元素的合金中，可以改善合金的高温抗氧化性能，但是脆性的 Laves 相恶化了合金的室温性能[42]。Al 元素的添加会促使合金在 BCC 基体上析出 B2 相，B2 相具有良好的热稳定性，能够在高温下弥散增强合金，有利于高温强度的提高[43]。

1.2.2　难熔高熵合金的力学性能特点

　　Senkov 等[26]研究了 $Nb_{25}Mo_{25}Ta_{25}W_{25}$ 和 $V_{20}Nb_{20}Mo_{20}Ta_{20}W_{20}$ 两种难熔高熵合金，并发现其在 1600℃时仍然具有 400MPa 以上的屈服强度。随后又有学者研究了以 TaNbHfZrTi 难熔高熵合金[32, 33]为代表的 HfZrTi 系难熔高熵合金以及不含 W、Ta 元素的轻质 NbTiZr 系难熔高熵合金等[44]。为了更好地预测难熔高熵合金的性能，他们使用相图计算(calculation of phase diagram, CALPHAD)软件成功预测了多种合金的性能。Chen 等[45]添加 Al 元素以降低难熔高熵合金的密度，研究了 Nb-Mo-Cr-Ti-Al 难熔高熵合金的性能，它在 1000℃时具有 640MPa 的抗压强度。Stepanov 等[46]研究了 $Al_{0.5}CrNbTi_2V_{0.5}$ 难熔高熵合金的性能，它在 1000℃时具有 90MPa 的屈服强度。

　　Guo 等[36]研究了 MoNbHfZrTi 难熔高熵合金的力学性能。Juan 等[37]研究了 HfMoNbTaTiZr 难熔高熵合金的性能，它在 1200℃时具有 500MPa 的抗压强度。Wang 等[47]使用集成计算材料工程设计难熔高熵合金，并使用试验手段验证了合金的性能。Lei 等[48]研究得出微量添加 O/N 元素可以实现 HfZrTiNbTa 难熔高熵合金强度和韧性的同时增加。Wei 等[49, 50]研究了 $MoNbRe_xTaW$ 和 $ReMoTaWNb_x$ 难熔高熵合金的性能。

　　目前已有超过 150 种难熔高熵合金成分，虽然种类繁多，但它们均主要包含 W、Ta、Hf、Mo、Nb、Zr、V、Cr、Ti 等高熔点金属元素，辅以部分 Al、Ni、Re、C、B、N、Si 等元素。高熔点元素的大量使用，使得合金的熔点普遍升高；轻质元素的添加，可以有效降低密度、改善塑性。表 1.1 为难熔高熵合金最高测试温度及屈服强度。可以看出，含低熔点元素的难熔高熵合金的高温力学强度普遍偏低，如含 Al 元素的难熔高熵合金的最高测试温度一般不高于 1200℃。最高测试温度为 1600℃的材料体系只有 NbMoTaW 和 VnbMoTaW 难熔高熵合金两种，它们在 1600℃下的屈服强度分别为 405MPa 和 477MPa。

表 1.1　难熔高熵合金最高测试温度及屈服强度

成分	相组成	密度/(g/cm³)	最高测试温度/℃	屈服强度/MPa
AlCoCrCuFeNi[51]	FCC+BCC	7.4	1000	47
NbTiVZr[52]	2BCC	6.5	1000	58
$NbTiV_2Zr$[52]	3BCC	6.4	1000	72
$Al_{0.5}CrNbTi_2V_{0.5}$[46]	BCC+Laves	5.8	1000	90
CrNbTiZr[52]	BCC+Laves	6.6	1000	115
AlNbTiV[53]	BCC	5.5	1000	158
$Al_{0.3}Ti_{1.4}V_{0.2}Zr_{1.3}NbTa_{0.8}$[54]	BCC	7.7	1000	166
$Al_{0.5}Ti_{1.5}V_{0.2}ZrNbTa_{0.8}$[54]	BCC+B2	7.6	1000	220

成分	相组成	密度/(g/cm³)	最高测试温度/℃	屈服强度/MPa
$Al_{0.3}Ti_{1.4}Zr_{1.3}NbTa$[54]	BCC+B2	8.1	1000	236
$HfNbTiVSi_{0.5}$[55]	BCC+M_5Si_3	7.8	1000	240
$CrNbTiVZr$[52]	BCC+Laves	6.6	1000	259
$Al_{0.25}NbTaTiZr$[43]	BCC+B2	8.6	1000	366
$AlTi_{1.5}Zr_{1.5}Nb_{1.5}Ta_{0.5}$[54]	BCC	6.8	1000	403
$AlNbTa_{0.5}TiZr_{0.5}$[43]	B2	6.9	1000	535
$Al_{0.5}Mo_{0.5}NbTa_{0.5}TiZr$[43]	BCC+B2	7.6	1000	579
$AlMo_{0.5}NbTa_{0.5}TiZr_{0.5}$[43]	B2	7.2	1000	935
$Al_2CoCrCuFeNi$[51]	BCC	6.7	1100	79
$Al_{0.5}CoCrCuFeNi$[51]	FCC	7.9	1100	80
$HfMo_{0.5}NbTiV_{0.5}$[56]	BCC	9.0	1200	60
$HfNbTaTiZr$[33]	BCC	9.9	1200	92
$AlTiCrMo$[57]	BCC	6.0	1200	100
$NbMoCrTiAl$[45]	BCC	6.6	1200	105
$HfMo_{0.5}NbTiV_{0.5}Si_{0.3}$[56]	BCC+M_5Si_3	8.5	1200	166
$NbCrMo_{0.5}Ta_{0.5}TiZr$[35]	2 BCC+Laves	8.0	1200	170
$MoNbHfZrTi$[36]	BCC	8.7	1200	187
$HfMo_{0.5}NbTiV_{0.5}Si_{0.5}$[56]	BCC+M_5Si_3	8.2	1200	188
$AlTiNbMo$[57]	BCC	6.5	1200	200
$HfMo_{0.5}NbTiV_{0.5}Si_{0.7}$[56]	BCC+M_5Si_3	7.9	1200	235
$AlTiZrNbMo_{0.5}Ta_{0.5}$[38]	BCC+B2	7.1	1200	250
$HfMoTaTiZr$[37]	BCC	10.2	1200	404
$HfNbMoTaTiZr$[37]	BCC	9.9	1200	556
$Ti_{0.33}WTaVCr$[42]	BCC+Laves	12.3	1200	586
$TiNbMoTaW$[58]	BCC	11.8	1200	586
$TiVNbMoTaW$[58]	BCC	11.0	1200	659
$Ti_{0.17}WTaVCr$[42]	BCC+Laves	12.6	1200	750
$WTaVCr$[42]	BCC+Laves	13.0	1200	979
$Nb_{25}Mo_{25}Ta_{25}W_{25}$[26]	BCC	13.7	1600	405
$V_{20}Nb_{20}Mo_{20}Ta_{20}W_{20}$[26]	BCC	12.4	1600	477
$NbMoTaWHfN$[59]	BCC+HfN+MN	13.9	1800	312
$W_{20}Ta_{30}Mo_{20}C_{30}$[60]	BCC+FCC+HCP	11.6	2000	222

难熔高熵合金的室温力学性能特点是脆性大、塑性低，屈服强度一般为1000～2500MPa。添加面心立方结构元素（如 Al）或者密排六方（hexagonal close-packed, HCP）结构元素（如 Ti、Zr、Hf）等可以明显改善难熔高熵合金的室温塑性。

例如，TaNbHfZrTi 难熔高熵合金中含有大量的 HCP 结构元素 Ti、Zr、Hf，室温下表现出大于 50%的塑性应变[32]，远远高于 NbMoTaW 难熔高熵合金的 2.1%的塑性应变[26]。Senkov 等[61]对 HfZrTiNbTa 合金进行冷轧、热处理后测试了其室温拉伸性能，合金的屈服强度为 1262MPa，拉伸塑性应变接近 10%。NbTaVW 的断裂应变为 12%[62]，添加 Ti 元素后，NbTaVWTi 难熔高熵合金在应变达到 50%时仍未断裂。受样品尺寸和脆性的限制，难熔高熵合金的拉伸性能数据较少。

难熔高熵合金的突出力学性能特点是高温高强度、高韧性。高温下的强化机理与室温下不同，主要是由 BCC 相基体的固溶强化作用导致的。Senkov 等[32]研究了 TaNbHfZrTi 难熔高熵合金在不同温度下的组织和性能，室温时的屈服强度为 929MPa，具有应变强化效应和较好的塑性；600℃时的屈服强度为 675MPa，与室温类似，也表现出一定的应变硬化和塑性；800℃时的屈服强度为 535MPa，从断口可以观察到沿晶断裂产生的空化和明显的裂纹扩展；1000℃和 1200℃时的屈服强度分别为 295MPa 和 92MPa，变形过程中发生了动态再结晶，形成了细小的等轴晶结构；室温和高温下的晶体结构均为单 BCC 相结构。高熵合金中的固溶强化作用与原子大小、模量和元素间相互作用均有关系，由局部应力场与溶质原子之间的弹性相互作用共同产生[63]。

1.2.3 难熔高熵合金性能调控方法

添加合金化元素是提高 NbMoTaW 难熔高熵合金力学性能最常用的方法。在 NbMoTaW 难熔高熵合金中添加 V[26]、Ti[39]、Zr[64]、Hf[65]和 Si[66]，其强度和塑性得到了显著提高。Han 等[39]的研究结果表明，Ti 元素的添加有效地提高了 NbMoTaW 难熔高熵合金的强度和塑性，NbMoTaWTi 和 NbMoTaWVTi 难熔高熵合金的高固溶强化效应和强原子结合力使其在高温下具有良好的力学性能[58]。之后又调节 Ti 含量研究了 Ti_xNbMoTaW 难熔高熵合金，屈服强度从 996MPa 增加到 1455MPa，塑性应变从 1.9%增加到 11.5%。Wei 等[49, 50, 67]制备了 ReMoTaW 和 Re_xNbMoTaW 难熔高熵合金，适当添加或替换 Re 元素可以减小晶格畸变，提高 NbMoTaW 难熔高熵合金的强度和塑性。Guo 等[66]设计了具有双相结构的 NbTaWMoSi$_x$ 难熔高熵合金，适量添加 Si 元素也可以提高合金的强度和塑性。NbTaWMoSi$_x$ 难熔高熵合金中分散的硅化物在室温至 800℃范围内提高了合金的硬度和强度。Tong 等[64]使用第一性原理计算预测了 NbMoTaWX（X=Cr、Zr、V、Hf 和 Re）难熔高熵合金的力学性能，添加 Zr 元素的 NbMoTaWZr 难熔高熵合金的强度和塑性都有了显著提高。

Re 元素常被加入镍基高温合金中以提高其高温力学性能[68]，其熔点高达 3186℃。在难熔高熵合金中加入 Re 元素也可以提高室温和高温下的强度和塑性[48, 69, 70]。Re 元素与 Mo、Ta、W 元素的原子尺寸差较小，可减小 MoTaWRe 难熔高熵合金的晶格畸变,提高其延展性[71]。在 NbMoTaW 难熔高熵合金中添加适量的 Re 元素,由于细晶强化和第二相强化作用,也可以提高合金在室温下的强度和塑性[67]。此外,在贵金属高熵合金中,Yusenko 等[72]在 $Ir_{0.19}Os_{0.22}Re_{0.21}Rh_{0.2}Ru_{0.19}$ 难熔高熵合金中添加 Re 元素,成功制备出第一个在 1500K 温度时具有 45GPa 抗压强度的密排六方结构高熵合金。

含有陶瓷第二相的金属基复合材料也表现出优异的强度、硬度和塑性。Guo 等[73]合成了 $Mo_{0.5}NbHf_{0.5}ZrTiC_{0.1}$ 和 $Mo_{0.5}NbHf_{0.5}ZrTiC_{0.3}$ 难熔高熵合金,MC 型碳化物颗粒增强了 BCC 相高熵合金基体,并且改善了合金的强度和塑性。Wei 等[71]的研究结果表明,TaC 添加进 $MoNbRe_{0.5}W(TaC)_x$ 难熔高熵合金诱导了高熵合金基复合材料的形成,随着 TaC 含量的增加,合金的强度和塑性显著提高,当 $x = 0.6$ 时合金具有最大的强度。Wei 等[74]制备了 $MoNbRe_{0.5}TaW(TiC)_x$ 难熔高熵合金,该合金呈现共晶组织,随着 C 原子分数从 0% 增加到 20%,合金的屈服强度不断提高。相比 MoNbTaWV 难熔高熵合金,$MoNbRe_{0.5}TaW(TiC)_x$ 难熔高熵合金具有更高的压缩屈服强度和更大的塑性。此外,Si 元素加入高熵合金后形成的硅化物陶瓷也可以增强高熵合金基体[55, 75]。这些研究结果表明,非金属元素 Si 和 C 促进了陶瓷相的形成,陶瓷相作为第二相增强了高熵合金基体。

1.3 难熔高熵合金的制备方法

随着高熵合金研究热度的提高,其制备方法也越来越丰富,应用最广泛的是水冷铜坩埚电弧熔炼法。高熵合金的形态包括粉末、丝、薄膜、涂层、块体。

粉末状高熵合金的制备方法有机械合金化法、化学合成法、气雾化法、等离子旋转电极雾化法(plasma rotating electrode process, PREP)等[76-81],丝状高熵合金的制备方法有熔体旋淬法、玻璃包裹拉丝法等[82, 83],薄膜或涂层态高熵合金的制备方法有磁控溅射法、热喷涂法、化学气相沉积法、甩带法、激光增材制造法等[84-88],块体高熵合金的制备方法有真空电弧熔炼法、真空感应熔炼法、悬浮熔炼法、激光熔覆法、粉末烧结法、电子束熔炼法等[14, 89, 90]。

难熔高熵合金组元的熔点高,一般大于 1650℃,特别是 W、Ta、Re 元素的熔点超过 3000℃,对坩埚、热源、水冷防护等提出了更高的要求,常规的高熵合金制备方法不一定完全适用于制备难熔高熵合金。常见的难熔高熵合金制备方法包括真空电弧熔炼法、激光熔覆法、悬浮熔炼法、电子束熔炼法、机械合金化法、放电等离子烧结法、磁控溅射法等[91]。

真空电弧熔炼法[92-94]是利用电极间的电弧产生的高温作为热源,将金属原料加热熔化,配合水冷铜坩埚盛接金属液体,以实现熔炼的目的。熔炼时使用高纯氩气(Ar)作为燃弧介质和保护气体,熔炼过程中需要多次翻转合金铸锭以达到均匀熔炼的目的。由于循环冷却水的作用，铜坩埚可以承受熔化难熔金属的温度。真空电弧熔炼可用来熔炼 Ti、Zr、W、Mo 等活泼金属、难熔金属以及它们的合金，也可用来熔炼高温合金及有特殊用途的钢和合金。由于真空电弧熔炼法操作简单，容易在实验室制备难熔高熵合金铸锭，被广泛应用[95,96]。Wei 等[94]使用真空电弧熔炼法制备了 $Re_{0.5}MoNbW(TaC)_{0.8}$ 难熔高熵合金，该合金中的共晶组织有效地提高了合金的压缩强度。Cui 等[97]使用真空电弧熔炼法制备了 $(Nb_{0.375}Ta_{0.25}Mo_{0.125}W_{0.125}Re_{0.125})_{100-x}C_x$ 难熔高熵合金，并研究了其结构、力学和物理性能。

激光熔覆法[98-103]是利用激光的高密度能量产生的高温作为热源扫描金属粉末原料，将金属原料快速熔化。激光熔覆一般具有能量密度高、熔凝速度快、组织细小、工艺可调范围大、热影响区小等特点。熔覆层与基体冶金结合强度高，单次熔覆层厚度在 0.2～2mm。配合增材制造的方法，可以使用激光熔覆法制备大块难熔高熵合金。由于激光熔覆基板尺寸大、散热好，激光作用时间短，所以不需要水冷设备也能够实现难熔金属的熔炼。激光熔覆自动化程度高，操作简单，是一种较为理想的高熵合金工业化应用技术。但是，激光熔覆也存在涂层质量不稳定、易产生裂纹等问题。激光工艺参数是影响涂层质量的重要因素之一，包括激光功率、扫描速度、光斑尺寸等。能量密度过低时，不能完全熔融熔覆材料，无法形成良好的冶金结合。在熔覆合金材料的同时，基体表面也有部分熔化，导致熔池内原子混合，造成熔覆层稀释，严重影响熔覆层纯度。Zhang 等[104]采用等离子喷涂预置粉末后激光熔覆的方法制备出了具有耐超高温性能的 TiZrNbWMo 合金涂层。

悬浮熔炼法是指金属材料在真空环境中电磁力作用下以悬浮状态进行熔炼的技术。采用电磁力悬浮技术使熔融的合金熔液悬浮起来，不与坩埚接触以获得高洁净度的熔炼方法。因为摆脱了坩埚的束缚，可以均匀地熔炼难熔金属，所以也可以实现难熔金属的熔炼。

1.4　难熔高熵合金的现存问题

1. 高温变形机理有待突破

Senkov 等[8,26]研究了 $Nb_{25}Mo_{25}Ta_{25}W_{25}$ 和 $V_{20}Nb_{20}Mo_{20}Ta_{20}W_{20}$ 难熔高熵合金的组织结构和高温力学性能，之后关于高温高强度性能特点的难熔高熵合金的设计得到了广泛关注，相关强化理论和变形机理正在不断完善。Wang 等[105]使用合金化法降低密度的同时提高强度，研究了 HfNbTaTiZrMoW 难熔高熵合金，该合金室温屈服强度为 2000MPa，1200℃下的屈服强度为 750MPa。$NbTaWMoSi_x$ 难熔高熵合金中分散的硅化物在室温至 800℃范围内可以提高合金的硬度和强度[66]。

$C_{0.25}Hf_{0.25}NbTaW_{0.5}$ 难熔高熵合金在 1400℃下的屈服强度达到 749MPa，表现为塑性变形，合金中存在原位生成的碳化物与高熵合金基体组成共晶组织，C 元素与金属元素之间的大混合熔导致陶瓷相在凝固时先形核[106]。Wan 等[59]调节非金属元素 N 含量以调控成分和组织，成功制备出 1800℃下屈服强度为 288MPa 的 NbMoTaWHfN 难熔高熵合金铸锭，高温强度和测试温度远高于一般的难熔高熵合金。

金属高温受力失效前，势必会产生塑性变形，常伴随加工硬化、动态回复、动态再结晶、组织演变等一系列过程[107]。Guo 等[108]的研究结果表明，铸态 MoNbHfZrTi 难熔高熵合金的热变形过程中，随着变形温度的升高和应变速率的降低，合金的流动应力逐渐下降，同时发生非连续动态再结晶和连续动态再结晶过程，原有的铸态枝晶组织也逐渐被动态再结晶组织替代。Eleti 等[109]的研究结果表明，HfNbTaTiZr 难熔高熵合金在高温热变形时，流动应力表现出较高的应变速率敏感指数(0.33)，而且应力-应变曲线表明流动应力在达到屈服后出现一个应力快速下降的过程，而后下降趋势变缓。这一过程是固溶原子气氛或短程有序化引起的位错脱钉导致的。此外，高熵合金缓慢的扩散效应抑制动态再结晶晶粒的长大，并促进晶界滑动变形机制。在原始晶粒内则形成平行于⟨001⟩和⟨111⟩方向的择优取向。Liu 等[110]采用热模拟试验机研究了烧结态 MoNbTaTiV 难熔高熵合金在变形温度为 1100～1300℃、应变速率为 0.0005～0.5s^{-1} 条件下的热变形行为及动态软化行为，当温度较低、应变速率较高时，合金的主要变形机制和动态软化机制分别是晶内位错滑移和非连续动态再结晶。随着变形温度的升高和应变速率的降低，晶界滑动和连续动态再结晶逐渐成为主要的变形机制和动态软化机制。Wu 等[106]的研究结果表明，$C_{0.25}Hf_{0.25}NbTaW_{0.5}$ 难熔高熵合金在 1400℃下的屈服强度达到 749MPa，对合金热变形前后晶粒取向、变形、体积分数等晶粒信息进行研究，揭示了合金动态再结晶动态软化机制。碳化物在高温强度中起着至关重要的作用，并且随着温度的升高，碳化物的作用变得越来越重要。

2. 大尺寸零部件制造技术有待突破

航空发动机、火箭发动机和核反应堆等高温工业领域对高温合金需求持续提升，传统镍基高温合金、钴基高温合金已无法满足现代工业对高温合金的需求，如冲压发动机燃烧室内壁材料面临着超过 1800℃的超高温极端环境。传统高温合金构件制造方案为：选用镍基高温合金作为结构材料，使用铸造和机加工的方式进行成形制造。然而，在超燃冲压发动机燃烧室等超高温环境中，镍基高温合金早已熔化。具有独特高温力学性能的难熔高熵合金为高温选材带来了希望，但大尺寸零部件制造技术有待突破。激光增材成形技术具有简化制造工艺、直接成形复杂结构件的特点[111]，可以满足复杂形状构件的制造。采用激光增材成形的方式制造难熔高熵合金，有希望突破超高温极端环境大尺寸、复杂形状高温构件的选材与制造技术瓶颈。

3. 高熵合金十大研究难点

由于高熵合金是一种新型合金，各种新奇的性能与现象不断刷新人类的认识，传统合金理论并不能完全解释清楚高熵合金中的各种现象。高熵合金也面临着许多研究难点，例如：①高熵合金的概念与分类；②高熵合金热力学相分解计算；③高熵合金非弹性变形力学性能模拟；④原子尺度微观结构对宏观性能的影响机制；⑤小原子半径非金属元素在高熵合金中的作用；⑥高熵合金的强韧一体化特点解析；⑦超低温环境下高熵合金的韧脆转变规律；⑧超高温复杂环境下高熵合金的性能退化机制；⑨极端环境下高熵合金的原位表征；⑩面向工程应用的构件形性调控。

1.5　难熔高熵合金未来研究方向

1. 超高温高熵合金开发

Miracle 等[25]统计了 408 种高熵合金，并将它们按照元素族群分为 3d 过渡族金属高熵合金、难熔金属高熵合金、4f 镧系稀土高熵合金、贵金属高熵合金、轻质高熵合金以及间隙化合物（含 B、C、N 元素）高熵合金。轻质高熵合金的最高使用温度较低，一般不超过 400℃。3d 过渡族金属高熵合金的使用温度为 500～1100℃。难熔高熵合金的使用温度为 1100～1700℃。在低温区仍具有高强度的高熵合金归为超低温高熵合金，其极限使用温度可达–269.15℃。

2. 计算模拟

传统的材料研究方法以实验室研究为主，通过经验的成分选择、合适的加工工艺制备出相应的研究试样，然后进行一系列相关的性能表征，最终不断尝试总结影响规律，优化材料体系。但是随着研究的深入，可研究的材料体系不但没有减少，反而越研究越多。尤其是高熵合金设计理念的出现，使得材料体系的设计迈入更广阔的空间，可设计的材料体系已经不是传统试错法能够完成的。另外，更加严苛的服役条件以及更微观的尖端测试，使得试错成本越来越高。计算机模拟技术是根据基本理论在计算机虚拟环境下模拟材料在服役条件下的性能演变规律和失效机理，小到原子电子尺度，大到零件、结构、设备，从超低温到超高温，从高真空到超高压，都可以使用计算机模拟实现。

要做到精确模拟材料性能，不仅需要合理的模拟软件的开发、基础数据库系统的建立，还需要合适的建模方法。然而，目前 CALPHAD、基于 VASP（Vienna ab-initio simulation package）的第一性原理计算、EMTO（exact muffin-tin orbitals）等软件均不能做到面面俱到，基础数据库也是各家独享，并没有建立统一的、经过审核的数据库。常见的计算方法有蒙特卡罗方法、分子动力学（molecular dynamics, MD）方法、第一性原理方法等。

Wang 等[112, 113]基于集成计算材料工程方法，集成第一性原理、分子动力学和晶体塑性有限元计算，使用数字孪生设计范式，建立团簇，充分考虑近邻的影响，使用局域环形近似法，系统揭示了难熔高熵合金的结构遗传与转变、弹性、塑性、硬度、强度等基本性质，成功预测了难熔高熵合金的熔点、高温力学性能等数据。Zhang 等[114, 115]基于机器学习方法，使用 EMTO 软件，利用精确 muffin-tin 轨道-相干势近似（coherent potential approximation, CPA）建模方法，发展了优化合金组元及其配比的快速设计方法。利用第一性原理 EMTO-CPA 方法高通量计算高熵合金组元及配比变化、合金化、不同结构相、温度四种效应对物性参数、形成能、相稳定性、广义层错能、弹性性能（包括体积模量 B、剪切模量 G、杨氏模量 E 和泊松比 ν）和力学性能的影响规律。基于现有数据，建立机器学习回归的分类模型，预测新型合金的相结构、力学性能，再将试验数据反馈到数据库，优化模型，经数次循环反馈得到性能优异的高熵合金。该方法还可以预测高熵合金的冲击韧性、抗辐照能力、熔点等数据。

3. 增材制造技术

难熔高熵合金大尺寸零部件制造技术有待突破，而增材制造技术的兴起，为解决这一难题提供了方案。增材制造技术是采用材料逐渐累加的方法制造实体零件的技术，相对于传统的材料去除切削加工技术，是一种"自下而上"的制造方法。相比传统制造方法，增材制造技术具有柔性好、制造周期短、节材节能和可实现构件的"自由制造"等特点，其最大优势是适用于复杂形状构件的一体化成形。目前，增材制造技术已被应用于钛合金、不锈钢、镍基高温合金等复杂形状构件的净尺寸成形。采用该技术成功制备出发动机涡轮叶片、燃油喷嘴等多种复杂形状构件。

以 NbMoTaW 为代表的难熔高熵合金熔点高，一旦撤去热源合金很快便凝固，导致无法使用熔炼铸造的方式制造复杂形状构件。激光增材成形技术是一种利用激光束直接成形目标结构的先进制造方法，可以直接成形复杂结构件，是制造复杂结构（如煤电燃气轮机燃烧室）的优选方案。美国在激光近净成形（laser engineered net shaping, LENS）工艺技术上起步较早，率先制造了镍基合金、钛合金和不锈钢等零件，AeroMet 公司制造的钛合金结构件已成功应用于军用飞机。王华明[116]突破了飞机钛合金大型主承力构件激光增材制造工艺。激光立体成形技术应用于生产 C919 型大飞机中央翼缘条，制造方法集中于激光直接能量沉积技术，合金材料主要以 NbMoTaW 和 TiZrHfNbTa 两类难熔高熵合金体系为主。根据难熔高熵合金的特性，合理选择激光增材成形参数至关重要，如采用等离子喷涂预置粉末后激光熔覆的方法制备的 TiZrNbWMo 难熔高熵合金涂层具有耐高温性能，利用选区激光熔化技术成功实现 NbMoTaW 难熔高熵合金的增材成形。图 1.3 为激光增材制造的难熔高熵合金产品[27]。

图 1.3　激光增材制造的难熔高熵合金产品[27]

参 考 文 献

[1] Soni V, Senkov O N, Gwalani B, et al. Microstructural design for improving ductility of an initially brittle refractory high entropy alloy. Scientific Reports, 2018, 8: 8816.

[2] Chen J, Zhou X Y, Wang W L, et al. A review on fundamental of high entropy alloys with promising high-temperature properties. Journal of Alloys and Compounds, 2018, 760: 15-30.

[3] Senkov O N, Gorsse S, Miracle D B. High temperature strength of refractory complex concentrated alloys. Acta Materialia, 2019, 175: 394-405.

[4] Lei Z F, Wu Y, He J Y, et al. Snoek-type damping performance in strong and ductile high-entropy alloys. Science Advances, 2020, 6(25): 7802.

[5] Thomas A, El-Wahabi M, Cabrera J M, et al. High temperature deformation of Inconel 718. Journal of Materials Processing Technology, 2006, 177(1-3): 469-472.

[6] Yoon J G, Jeong H W, Yoo Y S, et al. Influence of initial microstructure on creep deformation behaviors and fracture characteristics of Haynes 230 superalloy at 900 ℃. Materials Characterization, 2015, 101: 49-57.

[7] Jiang R, Song Y D, Reed P A. Fatigue crack growth mechanisms in powder metallurgy Ni-based superalloys — A review. International Journal of Fatigue, 2020, 141: 105887.

[8] Senkov O N, Wilks G B, Miracle D B, et al. Refractory high-entropy alloys. Intermetallics, 2010, 18(9): 1758-1765.

[9] Yeh J W, Chen S K, Lin S J, et al. Nanostructured high-entropy alloys with multiple principal elements: Novel alloy design concepts and outcomes. Advanced Engineering Materials, 2004, 6(5): 299-303.

[10] Lu Y P, Dong Y, Guo S, et al. A promising new class of high-temperature alloys: Eutectic high-entropy alloys. Scientific Reports, 2014, 4: 6200.

[11] Gludovatz B, Hohenwarter A, Catoor D, et al. A fracture-resistant high-entropy alloy for cryogenic applications. Science, 2014, 345: 1153-1158.

[12] Ding Q Q, Zhang Y, Chen X, et al. Tuning element distribution, structure and properties by composition in high-entropy alloys. Nature, 2019, 574: 223-227.

[13] Huang X, Dong Y, Lu S M, et al. Effects of homogenized treatment on microstructure and mechanical properties of AlCoCrFeNi$_{2.2}$ near-eutectic high-entropy alloy. Acta Metallurgica Sinica(English Letters), 2021, 34(8): 1079-1086.

[14] George E P, Raabe D, Ritchie R O. High-entropy alloys. Nature Reviews Materials, 2019, 4: 515-534.

[15] El-Atwani O, Li N, Li M, et al. Outstanding radiation resistance of tungsten-based high-entropy alloys. Science Advances, 2019, 5(3): 2002.

[16] Li T X, Lu Y P, Cao Z, et al. Opportunity and challenge of refractory high-entropy alloys in the field of reactor structural materials. Acta Metallurgica Sinica, 2021, 57: 42-54.

[17] Hemphill M A, Yuan T, Wang G Y, et al. Fatigue behavior of Al$_{0.5}$CoCrCuFeNi high entropy alloys. Acta Materialia, 2012, 60(16): 5723-5734.

[18] Yin Y, Tan Q Y, Zhao Y T, et al. A cost-effective Fe-rich compositionally complicated alloy with superior high-temperature oxidation resistance. Corrosion Science, 2021, 180: 109190.

[19] Yang X G, Zhou Y, Zhu R H, et al. A novel, amorphous, non-equiatomic FeCrAlCuNiSi high-entropy alloy with exceptional corrosion resistance and mechanical properties. Acta Metallurgica Sinica(English Letters), 2020, 33(8): 1057-1063.

[20] Hua N B, Wang W J, Wang Q T, et al. Mechanical, corrosion, and wear properties of biomedical Ti-Zr-Nb-Ta-Mo high entropy alloys. Journal of Alloys and Compounds, 2021, 861: 157997.

[21] Inoue A. Stabilization of metallic supercooled liquid and bulk amorphous alloys. Acta Materialia, 2000, 48(1): 279-306.

[22] Ma D, Tan H, Zhang Y, et al. Correlation between glass formation and type of eutectic coupled zone in eutectic alloys. Materials Transactions, 2003, 44(10): 2007-2010.

[23] Cantor B, Chang I T H, Knight P, et al. Microstructural development in equiatomic multicomponent alloys. Materials Science and Engineering: A, 2004, 375: 213-218.

[24] Gorsse S, Nguyen M H, Senkov O N, et al. Database on the mechanical properties of high entropy alloys and complex concentrated alloys. Data in Brief, 2018, 21: 2664-2678.

[25] Miracle D B, Senkov O N. A critical review of high entropy alloys and related concepts. Acta Materialia, 2017, 122: 448-511.

[26] Senkov O N, Wilks G B, Scott J M, et al. Mechanical properties of $Nb_{25}Mo_{25}Ta_{25}W_{25}$ and $V_{20}Nb_{20}Mo_{20}Ta_{20}W_{20}$ refractory high entropy alloys. Intermetallics, 2011, 19(5): 698-706.

[27] Zhang H, Xu W, Xu Y J, et al. The thermal-mechanical behavior of WTaMoNb high-entropy alloy via selective laser melting (SLM): Experiment and simulation. The International Journal of Advanced Manufacturing Technology, 2018, 96: 461-474.

[28] Xiao Y, Zou Y, Ma H, et al. Nanostructured NbMoTaW high entropy alloy thin films: High strength and enhanced fracture toughness. Scripta Materialia, 2019, 168: 51-55.

[29] Kim H, Nam S, Roh A, et al. Mechanical and electrical properties of NbMoTaW refractory high-entropy alloy thin films. International Journal of Refractory Metals and Hard Materials, 2019, 80: 286-291.

[30] Roh A, Kim D, Nam S, et al. NbMoTaW refractory high entropy alloy composites strengthened by in-situ metal-non-metal compounds. Journal of Alloys and Compounds, 2020, 822: 153423.

[31] Senkov O N, Scott J M, Senkova S V, et al. Microstructure and room temperature properties of a high-entropy TaNbHfZrTi alloy. Journal of Alloys and Compounds, 2011, 509(20): 6043-6048.

[32] Senkov O N, Scott J M, Senkova S V, et al. Microstructure and elevated temperature properties of a refractory TaNbHfZrTi alloy. Journal of Materials Science, 2012, 47(9): 4062-4074.

[33] Wu Y D, Cai Y H, Wang T, et al. A refractory $Hf_{25}Nb_{25}Ti_{25}Zr_{25}$ high-entropy alloy with excellent structural stability and tensile properties. Materials Letters, 2014, 130: 277-280.

[34] Senkov O N, Pilchak A L, Semiatin S L. Effect of cold deformation and annealing on the microstructure and tensile properties of a HfNbTaTiZr refractory high entropy alloy. Metallurgical and Materials Transactions A, 2018, 49(7): 2876-2892.

[35] Senkov O N, Woodward C F. Microstructure and properties of a refractory $NbCrMo_{0.5}Ta_{0.5}TiZr$ alloy. Materials Science and Engineering: A, 2011, 529: 311-320.

[36] Guo N N, Wang L, Luo L S, et al. Microstructure and mechanical properties of refractory MoNbHfZrTi high-entropy alloy. Materials & Design, 2015, 81: 87-94.

[37] Juan C C, Tsai M H, Tsai C W, et al. Enhanced mechanical properties of HfMoTaTiZr and HfMoNbTaTiZr refractory high-entropy alloys. Intermetallics, 2015, 62: 76-83.

[38] Senkov O N, Isheim D, Seidman D N, et al. Development of a refractory high entropy superalloy. Entropy, 2016, 18(3): 102.

[39] Han Z D, Luan H W, Liu X, et al. Microstructures and mechanical properties of $Ti_xNbMoTaW$ refractory high-entropy alloys. Materials Science and Engineering: A, 2018, 712: 380-385.

[40] Pan J, Dai T, Lu T, et al. Microstructure and mechanical properties of $Nb_{25}Mo_{25}Ta_{25}W_{25}$ and $Ti_8Nb_{23}Mo_{23}Ta_{23}W_{23}$ high entropy alloys prepared by mechanical alloying and spark plasma sintering. Materials Science and Engineering: A, 2018, 738: 362-366.

[41] Li Q Y, Zhang H, Li D C, et al. W_xNbMoTa refractory high-entropy alloys fabricated by laser cladding deposition. Materials, 2019, 12(3): 533.

[42] Waseem O A, Lee J, Lee H M, et al. The effect of Ti on the sintering and mechanical properties of refractory high-entropy alloy Ti_xWTaVCr fabricated via spark plasma sintering for fusion plasma-facing materials. Materials Chemistry and Physics, 2018, 210: 87-94.

[43] Senkov O N, Jensen J K, Pilchak A L, et al. Compositional variation effects on the microstructure and properties of a refractory high-entropy superalloy $AlMo_{0.5}NbTa_{0.5}TiZr$. Materials & Design, 2018, 139: 498-511.

[44] Gorsse S, Miracle D B, Senkov O N. Mapping the world of complex concentrated alloys. Acta Materialia, 2017, 135: 177-187.

[45] Chen H, Kauffmann A, Gorr B, et al. Microstructure and mechanical properties at elevated temperatures of a new Al-containing refractory high-entropy alloy Nb-Mo-Cr-Ti-Al. Journal of Alloys and Compounds, 2016, 661: 206-215.

[46] Stepanov N D, Yurchenko N Y, Panina E S, et al. Precipitation-strengthened refractory $Al_{0.5}CrNbTi_2V_{0.5}$ high entropy alloy. Materials Letters, 2017, 188: 162-164.

[47] Wang W Y, Shang S L, Wang Y, et al. Atomic and electronic basis for the serrations of refractory high-entropy alloys. NPJ Computational Materials, 2017, 3: 23.

[48] Lei Z F, Liu X J, Wu Y, et al. Enhanced strength and ductility in a high-entropy alloy via ordered oxygen complexes. Nature, 2018, 563: 546-550.

[49] Wei Q Q, Shen Q, Zhang J, et al. Microstructure and mechanical property of a novel ReMoTaW high-entropy alloy with high density. International Journal of Refractory Metals and Hard Materials, 2018, 77: 8-11.

[50] Wei Q Q, Luo G Q, Zhang J, et al. Effect of raw material forms on the microstructure and mechanical properties of $MoNbRe_{0.5}TaW$ high-entropy alloy. Materials Science and Engineering: A, 2020, 794: 139632.

[51] Tong C J, Chen M R, Yeh J W, et al. Mechanical performance of the Al_xCoCrCuFeNi high-entropy alloy system with multiprincipal elements. Metallurgical and Materials Transactions A, 2005, 36(5): 1263-1271.

[52] Senkov O N, Senkova S V, Miracle D B, et al. Mechanical properties of low-density, refractory multi-principal element alloys of the Cr-Nb-Ti-V-Zr system. Materials Science and Engineering: A, 2013, 565: 51-62.

[53] Stepanov N D, Shaysultanov D G, Salishchev G A, et al. Structure and mechanical properties of

a light-weight AlNbTiV high entropy alloy. Materials Letters, 2015, 142: 153-155.

[54] Senkov O N, Woodward C, Miracle D B. Microstructure and properties of aluminum-containing refractory high-entropy alloys. JOM, 2014, 66(10): 2030-2042.

[55] Zhang Y, Liu Y, Li Y X, et al. Microstructure and mechanical properties of a refractory HfNbTiVSi$_{0.5}$ high-entropy alloy composite. Materials Letters, 2016, 174: 82-85.

[56] Liu Y, Zhang Y, Zhang H, et al. Microstructure and mechanical properties of refractory HfMo$_{0.5}$NbTiV$_{0.5}$Si$_x$ high-entropy composites. Journal of Alloys and Compounds, 2017, 694: 869-876.

[57] Chen H, Kauffmann A, Laube S, et al. Contribution of lattice distortion to solid solution strengthening in a series of refractory high entropy alloys. Metallurgical and Materials Transactions A, 2018, 49(3): 772-781.

[58] Han Z D, Chen N, Zhao S F, et al. Effect of Ti additions on mechanical properties of NbMoTaW and VNbMoTaW refractory high entropy alloys. Intermetallics, 2017, 84: 153-157.

[59] Wan Y X, Cheng Y H, Chen Y X, et al. A nitride-reinforced NbMoTaWHfN refractory high-entropy alloy with potential ultra-high-temperature engineering applications. Engineering, 2023, 30: 110-120.

[60] Sun B, Mo J Y, Wang Q Q, et al. Outstanding specific yield strength of a refractory high-entropy composite at an ultrahigh temperature of 2273K. Journal of Materials Science & Technology, 2023, 166: 145-154.

[61] Senkov O N, Semiatin S L. Microstructure and properties of a refractory high-entropy alloy after cold working. Journal of Alloys and Compounds, 2015, 649: 1110-1123.

[62] Yao H W, Qiao J W, Gao M C, et al. NbTaV-(Ti,W) refractory high-entropy alloys: Experiments and modeling. Materials Science and Engineering: A, 2016, 674: 203-211.

[63] Labusch R. A statistical theory of solid solution hardening. Physica Status Solidi, 1970, 41(2): 659-669.

[64] Tong Y G, Bai L H, Liang X B, et al. Influence of alloying elements on mechanical and electronic properties of NbMoTaWX (X=Cr, Zr, V, Hf and Re) refractory high entropy alloys. Intermetallics, 2020, 126: 106928.

[65] Mo J Y, Liang X B, Shen B L, et al. Local lattice distortions, phase stability, and mechanical properties of NbMoTaWHf$_x$ alloys: A combined theoretical and experimental study. Computational Materials Science, 2023, 217: 111891.

[66] Guo Z M, Zhang A J, Han J S, et al. Effect of Si additions on microstructure and mechanical properties of refractory NbTaWMo high-entropy alloys. Journal of Materials Science, 2019, 54(7): 5844-5851.

[67] Zhang J, Hu Y Y, Wei Q Q, et al. Microstructure and mechanical properties of Re$_x$NbMoTaW

high-entropy alloys prepared by arc melting using metal powders. Journal of Alloys and Compounds, 2020, 827: 154301.

[68] Pandey P, Sawant A K, Nithin B, et al. On the effect of Re addition on microstructural evolution of a CoNi-based superalloy. Acta Materialia, 2019, 168: 37-51.

[69] Bhandari U, Zhang C Y, Zeng C Y, et al. Computational and experimental investigation of refractory high entropy alloy $Mo_{15}Nb_{20}Re_{15}Ta_{30}W_{20}$. Journal of Materials Research and Technology, 2020, 9(4): 8929-8936.

[70] Yan D L, Song K K, Sun H G, et al. Microstructures, mechanical properties, and corrosion behaviors of refractory high-entropy ReTaWNbMo alloys. Journal of Materials Engineering and Performance, 2020, 29(1): 399-409.

[71] Wei Q Q, Shen Q, Zhang J, et al. Microstructure evolution, mechanical properties and strengthening mechanism of refractory high-entropy alloy matrix composites with addition of TaC. Journal of Alloys and Compounds, 2019, 777: 1168-1175.

[72] Yusenko K V, Riva S, Carvalho P A, et al. First hexagonal close packed high-entropy alloy with outstanding stability under extreme conditions and electrocatalytic activity for methanol oxidation. Scripta Materialia, 2017, 138: 22-27.

[73] Guo N N, Wang L, Luo L S, et al. Microstructure and mechanical properties of in-situ MC-carbide particulates-reinforced refractory high-entropy $Mo_{0.5}NbHf_{0.5}ZrTi$ matrix alloy composite. Intermetallics, 2016, 69: 74-77.

[74] Wei Q Q, Luo G Q, Zhang J, et al. Designing high entropy alloy-ceramic eutectic composites of $MoNbRe_{0.5}TaW(TiC)_x$ with high compressive strength. Journal of Alloys and Compounds, 2020, 818: 152846.

[75] Guo N N, Wang L, Luo L S, et al. Microstructure and mechanical properties of refractory high entropy $(Mo_{0.5}NbHf_{0.5}ZrTi) BCC/M_5Si_3$ in-situ compound. Journal of Alloys and Compounds, 2016, 660: 197-203.

[76] 欧阳鸿武, 陈欣, 余文焘, 等. 气雾化制粉技术发展历程及展望. 粉末冶金技术, 2007, 25(1): 53-58.

[77] 杨鑫, 奚正平, 刘咏, 等. 等离子旋转电极法制备钛铝粉末性能表征. 稀有金属材料与工程, 2010, 39(12): 2251-2254.

[78] 国为民, 赵明汉, 董建新, 等. FGH95 镍基粉末高温合金的研究和展望. 机械工程学报, 2013, 49(18): 38-45.

[79] Tong Y G, Qi P B, Liang X B, et al. Different-shaped ultrafine MoNbTaW HEA powders prepared via mechanical alloying. Materials, 2018, 11(7): 1250.

[80] Semiatin S L, Mahaffey D W, Levkulich N C, et al. The effect of cooling rate on high-temperature precipitation in a powder-metallurgy, gamma/gamma-prime nickel-base superalloy.

Metallurgical and Materials Transactions A, 2018, 49（12）: 6265-6276.

[81] Liu D, Wen T Q, Ye B L, et al. Synthesis of superfine high-entropy metal diboride powders. Scripta Materialia, 2019, 167: 110-114.

[82] 杨晓宁, 邓伟林, 黄晓波, 等. 高熵合金制备方法进展. 热加工工艺, 2014, 43（22）: 30-33.

[83] 张勇, 陈明彪, 杨潇, 等. 先进高熵合金技术. 北京: 化学工业出版社, 2019.

[84] 郭伟, 梁秀兵, 陈永雄, 等. FeCrNiCoCu（B）高熵合金涂层的制备与表征. 中国表面工程, 2011, 24（2）: 70-73.

[85] 赵钦, 马国政, 王海斗, 等. 高熵合金涂层制备及其应用的研究进展. 材料导报, 2017, 31（7）: 65-71.

[86] 冯骁斌, 张金钰, 刘刚, 等. 纳米晶 NbMoTaW 难熔高熵合金薄膜力学性能及其热稳定性. 精密成形工程, 2017, 9（6）: 111-116.

[87] Feng X B, Zhang J Y, Wang Y Q, et al. Size effects on the mechanical properties of nanocrystalline NbMoTaW refractory high entropy alloy thin films. International Journal of Plasticity, 2017, 95: 264-277.

[88] Tunes M A, Vishnyakov V M. Microstructural origins of the high mechanical damage tolerance of NbTaMoW refractory high-entropy alloy thin films. Materials & Design, 2019, 170: 107692.

[89] 郑必举, 蒋业华, 胡文, 等. 激光熔覆 Al$_x$CrFeCoCuNi 高熵合金涂层的显微组织与性能研究. 功能材料, 2016, 47（6）: 6167-6172.

[90] Pan Q S, Zhang L X, Feng R, et al. Gradient-cell-structured high-entropy alloy with exceptional strength and ductility. Science, 2021, 374: 984-989.

[91] 王晓鹏, 孔凡涛. 高熵合金及其他高熵材料研究新进展. 航空材料学报, 2019, 39（6）: 1-19.

[92] Maiti S, Steurer W. Structural-disorder and its effect on mechanical properties in single-phase TaNbHfZr high-entropy alloy. Acta Materialia, 2016, 106: 87-97.

[93] Guo N N, Wang L, Luo L S, et al. Effect of composing element on microstructure and mechanical properties in Mo-Nb-Hf-Zr-Ti multi-principle component alloys. Intermetallics, 2016, 69: 13-20.

[94] Wei Q Q, Xu X D, Li G M, et al. A carbide-reinforced Re$_{0.5}$MoNbW（TaC）$_{0.8}$ eutectic high-entropy composite with outstanding compressive properties. Scripta Materialia, 2021, 200: 113909.

[95] Shi P J, Ren W L, Zheng T X, et al. Enhanced strength-ductility synergy in ultrafine-grained eutectic high-entropy alloys by inheriting microstructural lamellae. Nature Communications, 2019, 10: 489.

[96] Shi P J, Li R G, Li Y, et al. Hierarchical crack buffering triples ductility in eutectic herringbone high-entropy alloys. Science, 2021, 373: 912-918.

[97] Cui Y W, Zhu Q Q, Xiao G R, et al. Interstitially carbon-alloyed refractory high-entropy alloys

with a body-centered cubic structure. Science China Materials, 2022, 65 (2) : 494-500.

[98] Sun R L, Yang D Z, Guo L X, et al. Microstructure and wear resistance of NiCrBSi laser clad layer on titanium alloy substrate. Surface and Coatings Technology, 2000, 132 (2-3) : 251-255.

[99] Weng F, Chen C Z, Yu H J. Research status of laser cladding on titanium and its alloys: A review. Materials & Design, 2014, 58: 412-425.

[100] Dobbelstein H, Thiele M, Gurevich E L, et al. Direct metal deposition of refractory high entropy alloy MoNbTaW. Physics Procedia, 2016, 83: 624-633.

[101] Tanigawa D, Funada Y, Abe N, et al. Suppression of dilution in Ni-Cr-Si-B alloy cladding layer by controlling diode laser beam profile. Optics & Laser Technology, 2018, 99: 326-332.

[102] Qi P, Liang X, Tong Y, et al. Preparation and characterization of NbMoTaW high-entropy alloy coating. Applied Laser, 2018, 38 (3) : 382-386.

[103] Zhang H, Zhao Y Z, Huang S, et al. Manufacturing and analysis of high-performance refractory high-entropy alloy via selective laser melting (SLM) . Materials, 2019, 12 (5) : 720.

[104] Zhang M N, Zhou X L, Yu X N, et al. Synthesis and characterization of refractory TiZrNbWMo high-entropy alloy coating by laser cladding. Surface and Coatings Technology, 2017, 311: 321-329.

[105] Wang M, Ma Z L, Xu Z Q, et al. Microstructures and mechanical properties of HfNbTaTiZrW and HfNbTaTiZrMoW refractory high-entropy alloys. Journal of Alloys and Compounds, 2019, 803: 778-785.

[106] Wu S Y, Qiao D X, Zhang H T, et al. Microstructure and mechanical properties of $C_xHf_{0.25}NbTaW_{0.5}$ refractory high-entropy alloys at room and high temperatures. Journal of Materials Science & Technology, 2022, 97: 229-238.

[107] Chen T H, Yang J R. Effects of solution treatment and continuous cooling on σ-phase precipitation in a 2205 duplex stainless steel. Materials Science and Engineering: A, 2001, 311 (1-2) : 28-41.

[108] Guo N N, Wang L, Luo L S, et al. Hot deformation characteristics and dynamic recrystallization of the MoNbHfZrTi refractory high-entropy alloy. Materials Science and Engineering: A, 2016, 651: 698-707.

[109] Eleti R R, Bhattacharjee T, Shibata A, et al. Unique deformation behavior and microstructure evolution in high temperature processing of HfNbTaTiZr refractory high entropy alloy. Acta Materialia, 2019, 171: 132-145.

[110] Liu Q, Wang G F, Liu Y K, et al. Hot deformation behaviors of an ultrafine-grained MoNbTaTiV refractory high-entropy alloy fabricated by powder metallurgy. Materials Science and Engineering: A, 2021, 809: 140922.

[111] 孙博, 夏铭, 张志彬, 等. 难熔高熵合金性能调控与增材制造. 材料工程, 2020, 48 (10) :

1-16.

[112] Wang W Y, Wang J, Lin D Y, et al. Revealing the microstates of body-centered-cubic（BCC）equiatomic high entropy alloys. Journal of Phase Equilibria and Diffusion, 2017, 38（4）: 404-415.

[113] Wang W Y, Li J S, Liu W M, et al. Integrated computational materials engineering for advanced materials: A brief review. Computational Materials Science, 2019, 158: 42-48.

[114] Sun X, Zhang H L, Lu S, et al. Phase selection rule for Al-doped CrMnFeCoNi high-entropy alloys from first-principles. Acta Materialia, 2017, 140: 366-374.

[115] Zhang H L, Sun X, Lu S, et al. Elastic properties of $Al_xCrMnFeCoNi$（$0 \leqslant x \leqslant 5$）high-entropy alloys from ab initio theory. Acta Materialia, 2018, 155: 12-22.

[116] 王华明. 高性能大型金属构件激光增材制造: 若干材料基础问题. 航空学报, 2014, 35（10）: 2690-2698.

第2章 第一性原理模拟与热力学计算

由于难熔高熵合金材料主元繁多、成分复杂，微量的成分变化就可能导致性能的巨大差异，依赖于科学直觉与试错的传统材料研究方法严重限制了高熵合金的发展。传统的"试错"试验方法按照"提出假设—试验验证"的方式循环迭代，不断逼近目标材料，这种方式耗时耗力，通常一种新材料从研发到应用需要10～20年，无法满足现代工业快速发展对材料的需求。近年来，随着计算机科学与技术的快速发展，材料计算逐渐成为各国材料科学发展的重要组成部分。材料计算的内涵可以概括为：根据材料科学和相关科学基本原理，通过模型化与计算实现对材料装备、加工、结构和性能等参量或过程的定量描述，理解材料结构、性能、功能之间的关系，缩短材料研制周期，降低材料研发成本。

推动材料按需设计是加速新材料研发的必经之路，材料计算仿真作为材料科学领域的第三种研究范式，是实现材料按需设计的关键。随着计算模型方法的不断推陈出新，从微观到宏观，涵盖材料的结构、热学、电磁学、力学、化学等多个层面均有相应的计算仿真方法被提出，极大地推动了新材料的研发和新理论的发展。其中，第一性原理、分子动力学、蒙特卡罗方法、元胞自动机、热力学相图计算、有限元仿真等材料计算方法在理论研究与工业应用中均得到了广泛的验证。随着人工智能技术的发展，机器学习作为一种兼顾效率和准确性的新方法，已逐渐被应用到材料发现、结构分析、性质预测、反向设计等多个领域，在新材料研发中展现出巨大的潜力。

难熔高熵合金突破了传统镍基高温合金设计理念，由于其多主元、成分复杂的特点，难熔高熵合金具有极为广阔的成分空间。然而，如何在近乎无限的成分空间中快速筛选出具有特定物理化学性质的合金成分成为制约难熔高熵合金发展应用的一个关键点。如果以45种元素来组合，可以形成1221759种等比例的五元高熵材料，快速筛选出满足特定性能要求的合金成分难度很大。近年来，材料多尺度计算在材料科学(包括难熔高熵合金)领域取得了巨大的进展。一方面，多尺度计算仿真对发掘难熔高熵合金材料新性能、新现象背后的物理机制有很大帮助；另一方面，结合第一性原理计算、热力学相图计算、机器学习等方法对加速新型难熔高熵合金材料的筛选起到了重要作用。本章讨论第一性原理在难熔高熵合金中的应用，包括第一性原理的理论基础、难熔高熵合金的结构模型、对力学和电子结构等性质的计算研究。此外，本章还对近年来热力学相图计算、机器学习等方法在难熔高熵合金中的应用进行介绍。

2.1 第一性原理方法概述

第一性原理计算是在量子力学和密度泛函理论（density functional theory，DFT）的基础上发展起来的一种材料计算方法。"第一性"是指不需要任何试验数据或经验参数，只需要知道材料的一些基本物理常量就可以直接求解薛定谔方程从而完成对材料基本性质的预测。第一性原理计算方法在金属、合金、陶瓷、半导体材料、光电材料、二维材料、拓扑材料、非晶态材料等众多材料体系均有广泛应用，是现代计算材料科学领域的重要组成部分。常见的第一性原理计算内容包括对材料的能量（自由能、扩散能、结合能等）、结构（晶格常数、结构因子、配位数、密度等）、力学（模量、硬度、强度、层错能等）、电子结构（电子态密度、局域电荷密度）等诸多性质的计算。

2.1.1 多粒子体系的薛定谔方程

原子核的质量远大于电子的质量，原子核对环境的响应要比电子慢很多。因此，可以将原子核和电子的运动分开考虑，认为电子是围绕静止不动的原子核构成的势场运动，将原子核周围的电子运动处理为平均场，这就是 Born-Oppenheimer 近似，又称为绝热近似。根据量子力学理论和 Born-Oppenheimer 近似，多粒子系统的定态薛定谔方程可以表示为

$$\hat{H}\Psi(r,R) = E\Psi \tag{2.1}$$

式中，$\hat{H}$ 为 Hamilton 算符，由电子动能、原子核动能、电子间排斥能、电子与原子核直接的吸引能以及原子核之间的排斥能等几个部分组成；$\Psi(r,R)$ 为描述微观粒子状态的波函数；E 为本征值，是定态能量；Ψ 为属于本征值 E 的本征函数。

在不受外场作用的情况下，$\hat{H}$ 可以表示为

$$\hat{H} = T_e + V_{ee} + V_{eN} + T_N + V_{NN} \tag{2.2}$$

式中，T 为动能项；V 为势能项。

2.1.2 Hohenberg-Kohn 定理

由于电子波函数与电荷密度具有极强的关联性，可以以电荷密度作为多体系统的基本变量，由电荷密度推导出系统的能量。这样做的优点是从电子波函数的 $3N$ 个自由度降到了电荷密度的 3 个自由度，极大地降低了计算量。基于理想状态下均匀电子气假设的 Thomas-Fermi 理论，由电荷密度的泛函推导出系统总能量，

确定了密度泛函理论。然而 Thomas-Fermi 理论的一个基本假设是电荷密度是均匀或缓慢变化的，而且没有考虑原子交换能和电子间的关联作用，因此其计算误差较大。在此基础上发展出 Hohenberg-Kohn 定理，它主要包括两条基本定理：

（1）对于一个给定外势场 V_{ext} 中的相互作用体系，外势场 V_{ext} 是电荷密度的唯一泛函，由基态电荷密度 $n_0(r)$ 唯一确定。

（2）存在对任何外势场均有效的能量 $E(n)$ 的普遍泛函，这个泛函的全局最小值就是基态能量，使泛函 $E(n)$ 最小的电荷密度 n 就是基态电荷密度。

定理（1）意味着在多体系统中，基态电荷密度和波函数之间存在一对一的关系，因此可以从系统的基态电荷密度出发，确定其哈密顿量、波函数以及所有的基态性质，定理（2）说明了可以使用变分法寻找体系能量极小值的方法求解基态电荷密度。

2.1.3　Kohn-Sham 方程

用分离的无相互作用的泛函来代替原系统的有相互作用的泛函，把所有误差项都放到交换关联泛函中，能量的泛函可以表示为

$$E(\rho) = T_s(\rho) + E_{Hartree}(\rho) + E_{ext}(\rho) + E_{xc}(\rho) \tag{2.3}$$

式中，E_{ext} 为处于外势场中的电子系统的势能；$E_{Hartree}$ 为电子之间的经典库仑相互作用能；E_{xc} 为量子效应引起的电子之间的交换关联能；T_s 为无相互作用的准粒子的动能。

在这四项能量中，E_{ext} 和 $E_{Hartree}$ 均有解析的表达式，E_{xc} 是尚未确定的，只能使用一些近似的方法得到近似值，T_s 是总能量的主要贡献项，可以表示为

$$T_s = -\frac{1}{2} \sum_{i=1}^{N} \int \phi_i^*(x) \nabla^2 \phi_i(x) dx \tag{2.4}$$

式中，N 为准粒子轨道的数目；$\phi_i(x)$ 为电子波函数；$\phi_i^*(x)$ 为电子波函数的复共轭。

交换关联能 E_{xc} 可以表示为

$$E_{xc}(\rho) = T(\rho) - T_s(\rho) + E_{ee}(\rho) - E_H(\rho) \tag{2.5}$$

最终，使用变分原理得到 Kohn-Sham 方程为

$$\left[-\frac{1}{2} \nabla^2 + V_{ext}(r) + V_{Hartree}(r) + V_{xc}(r) \right] \Psi_i(r) = \varepsilon_i \Psi_i(r) \tag{2.6}$$

在 Kohn-Sham 方程中采用波函数来表达动能的泛函，解决了在此之前对动能

项计算误差大的问题，而且 Kohn-Sham 方程是一个单粒子方程，极大地减少了计算量。

2.1.4 常用第一性原理计算软件

基于密度泛函理论，第一性原理计算软件有 VASP、EMTO-CPA、Materials Studio(MS)、GAUSSIAN、ABINIT、WIEN2K、Quantum Espresso、SIESTA、PWmat、BSTATE 等。高熵合金材料领域最常用的软件有 VASP、EMTO-CPA 和 Materials Studio。

1. VASP

VASP 是一款由 Kresse 等[1]开发的第一性原理计算软件包，它使用平面波基组，支持超软赝势和投影缀加波势，计算精度高、性能稳定，是目前最广泛使用的第一性原理计算包。VASP 使用赝势理论描述电子和离子核之间的相互作用，从而有效降低了计算量，且可在计算机上实现并行计算，具有较高的计算效率。

VASP 常被用来计算高熵合金的结构稳定性、结构参数、晶格畸变、弹性、硬度、泊松比、层错能、电子结构、磁性等多方面的性质，是预测高熵材料各种性质的强有力的方法，同时还可预测在极端高压下高熵合金材料的各种性质。

2. EMTO-CPA

VASP 通过建立一定数量的超胞以模拟不同高熵合金的成分，其缺点在于计算量大且成分不能连续。针对多元无序固溶体合金体系，Vitos[2]开发的 EMTO-CPA 在计算高熵合金时具有一定的优势。与 VASP 所采用的平面波赝势的方法不同，EMTO 方法是基于 KKR 方法近似求解 Kohn-Sham 方程。传统无交叠的 EMTO 势球方法对于精确势描述较差，通过重叠的势球可以进行改善，但这种计算方法对于一些开放体系的计算结果仍差强人意。Vitos[2]采用全电荷密度的方法使 EMTO 的计算精度可以与 VASP 相比，尤其是在相干势近似 CPA 的帮助下，可以在计算机上同时大量并行计算很多个连续成分变化的无序固溶体合金，因此 EMTO 方法在高熵合金领域也得到了相当广泛的应用。相比 VASP，EMTO-CPA 方法具有更高的计算效率，易于实现高通量计算，可以描述任意成分且模拟的结构是真正的无序固溶结构，可以快速完成对材料的磁性计算。图 2.1 为非等摩尔比 TiZrHfNbX 难熔高熵合金的相稳定性和弹性性质[3]。Dai 等[3]借助 EMTO-CPA 对基于 TiZrHfNb 这一经典难熔高熵合金成分的大量新合金成分的相稳定性和弹性性质进行了研究。

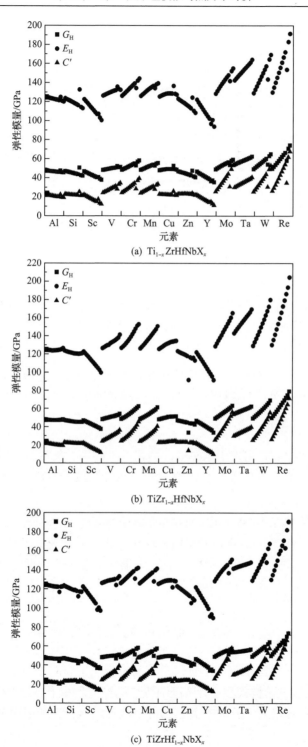

(a) Ti$_{1-x}$ZrHfNbX$_x$

(b) TiZr$_{1-x}$HfNbX$_x$

(c) TiZrHf$_{1-x}$NbX$_x$

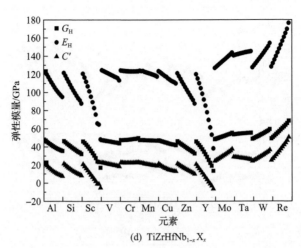

图 2.1　非等摩尔比 TiZrHfNbX 难熔高熵合金的相稳定性和弹性性质[3]

然而，由于 EMTO-CPA 采用了平均场的方法，忽略了材料如短程有序和晶格畸变在内的局域环境。尽管在一些种类的高熵合金中，这样的局域环境特征不会对材料的能量、晶格参数、弹性性质等产生太大影响，但在一些难熔高熵合金中对电子态密度等电子结构性质的计算有较大影响。因此，仍需在现有方法的基础上发展非局域的 CPA 方法以进一步提高其计算精度。

3. Materials Studio

Materials Studio 是由美国 Accelrys 公司开发的一款集材料建模、计算、分析、可视化于一体的第一性原理计算软件。相比 VASP 和 EMTO-CPA，Materials Studio 的优势在于强大的建模能力和易操作的可视化特点，但是在高熵合金的计算中普遍采用特殊准随机结构(special quasirandom structure, SQS)模型或 CPA 的建模方法，因此 Materials Studio 自带的建模模块在这一领域失去了效果。而且 VASP 和 EMTO-CPA 具有更强大的并行计算能力，计算效率更高，因此 Materials Studio 在高熵合金计算中的应用相对较少。

2.2　难熔高熵合金的结构模型

目前，在第一性原理框架下针对难熔高熵合金主要有三种结构模型，分别是超胞(supercell, SC)结构模型、特殊准随机结构模型和相干势近似模型等。通常认为难熔高熵合金是无序固溶体结构，因此后两种结构模型的应用最为广泛。

2.2.1 超胞结构模型

简单的超胞模型是由单胞结构在 (x, y, z) 三个方向进行扩胞得到的。由于难熔高熵合金以 BCC 相为主,在建立结构模型时可先建立一个 $n×n×n$ 的单质合金单胞,然后随机用元素替代的方法构建出高熵合金的初始结构。建立的初始结构处理成 VASP 或 Materials Studio 等软件可识别的文件格式即可使用相应第一性原理计算软件对结构进行优化。

VASP 或 Materials Studio 在计算材料性质时,计算所需机时随原子数量的增加而显著增加,因此建立的模型一般比较小,原子数在一两百以内。超胞模型在计算结构简单的材料时具有优势,如各种石墨烯材料、金属间化合物、半导体材料等。但使用超胞模型建立难熔高熵合金这样成分复杂的固溶体结构有困难,由于模型较小,人为随意替换原子而构建的高熵合金模型通常并不是真正的"无序"结构,往往会由于周期性边界条件而导致某种有序性存在。因此,简单的超胞模型在难熔高熵合金计算中的使用较少,一般只作为其他结构模型的对比出现。

2.2.2 特殊准随机结构模型

仅以简单的超胞描述无序固溶体合金结构,理论上可以建立一个很大的超胞,然后随机替代格点上的原子。然而,这种方法需要的超胞要非常大才能避免在相邻格点之间的局域有序性,计算成本高。为了以较小的超胞构建无序合金的结构,Walle 等[4]的研究结果表明,当原子总数一定时,SQS 代表的是考虑周期性重复后最接近无序结构的超胞模型。SQS 方法是通过不断优化结构,使优化所得结构的相关函数不断接近真正完全无序状态的相关函数。目前常采用 Alloy Theoretic Automated Toolkit(ATAT)软件以蒙特卡罗方法构建高熵合金的特殊准随机结构模型。

建立高熵合金的特殊准随机结构模型时需要使用 ATAT 软件的 mcsqs 模块,这里以 NbMoTaW 合金为例介绍难熔高熵合金的建模过程。准备 sqscell.out 和 rndstr.in 两个输入文件,图 2.2 为 sqscell.out 文件的格式,内容共 5 行,前两行不用修改,后三行是准备建立一个 4×4×4 的超胞。由于要建立 BCC 结构,一个 BCC 单胞包含 2 个原子,则 4×4×4 超胞包含的原子总数为 2×4×4×4=128。因此,修改 sqscell.out 后三行内容可以建立不同尺寸的超胞。

图 2.3 为 rndstr.in 文件的格式。第 1 行为坐标

```
1   1
2
3   4   0   0
4   0   4   0
5   0   0   4
```

图 2.2 sqscell.out 文件的格式

系统，第 2~4 行为 BCC 原胞的基矢，第 5 行为合金的具体成分。由于建立的是等摩尔比的 NbMoTaW 合金，每种元素的比例都是 0.25。

```
1   1    1    1   90    90  90
2   0.5      0.5       0.5
3   0.5    - 0.5       0.5
4   0.5      0.5     - 0.5
5   0        0         0        Nb = 0.25, Mo = 0.25, Ta = 0.25, W = 0.25
```

图 2.3　rndstr.in 文件的格式

　　需要注意的是，必须要保证 sqscell.out 文件中设定的超胞可以和 rndstr.in 文件中的比例相匹配。在给出的例子里，128 个原子平均分配给 4 种元素，每种元素可分得 32 个原子。如果设定 sqscell.out 为一个 3×3×3 含 54 个原子的 BCC 超胞，则无法平均分给 4 种元素（每种元素分得 13.5 个原子，不能得到整数），这种情况下软件就会报错。当然，ATAT 软件还可以指定原子总数和原子比例直接建立 SQS 模型，如可以采用 mcsqs-n=100 这个命令指定去建立一个原子总数为 100 的模型。这种做法虽然能更方便地建立很多成分的模型，但是这种情况下得到的最终结构的晶格基矢可能会发生改变，进而导致难以预知的计算问题。因此，在建立模型前就应该确定可以满足计算要求的模型尺寸。

　　有了上述两个输入文件后，依次输入下述两条命令即可开始搜索符合条件的 SQS 结构。

　　命令 1：corrdump-l=rndstr.in-ro-noe-nop-clus-2=2.2-3=1.8-4=1.5

　　命令 2：nohup mcsqs-rc &

　　其中，命令 1 中的-2、-3、-4 三项代表着对键、三键、四键等，其值设得越大，可以得到更好的无序结构，但结构的搜索需要更多的时间。这三个值的设定没有很明确的规则，可以设立不同值，对比得到的关联函数以确定合适的参数。命令 2 中其实只需要输入 mcsqs-rc 即可，只是因为这个命令通常需要很长的时间才能搜索到最佳结构，在前后加上 nohup 和&就可以让命令在后台运行。需要注意的是，结构搜索完成后需要手动杀掉 mcsqs 这个进程，以免浪费计算资源。

　　命令 2 运行完成后，可以得到名为 bestsqs.out 的结构文件，将该文件转换成 VASP 可以识别的 POSCAR 形式即可作为初始结构输入。图 2.4 为 128 个原子的 NbMoTaW 合金超胞结构模型，用可视化软件 VESTA 可以对结构进行观察和修改。

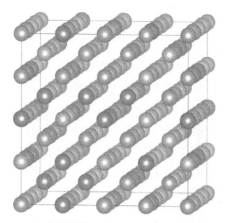

图 2.4　128 个原子的 NbMoTaW 合金超胞结构模型

2.2.3　相干势近似模型

图 2.5 为 ABCDE 五元高熵合金 CPA 模型示意图。由于采用了平均场的方法，每个格点的原子代表的其实不是特定的某种元素，而是合金包含的所有元素。由于计算时采用了很少的原子数，CPA 方法极大地提高了计算效率。

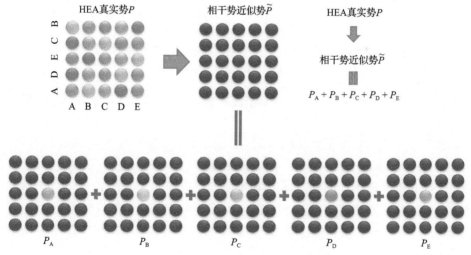

图 2.5　ABCDE 五元高熵合金 CPA 模型示意图

2.2.4　晶格畸变

晶格畸变是难熔高熵合金最重要的结构特征之一，与高熵效应、迟滞扩散效应和"鸡尾酒"效应一起合称为高熵合金材料的四大效应。图 2.6 为晶格畸变示意图。晶格畸变是指合金中不同元素之间的原子尺寸和电负性的差异导致原子位置偏离平衡晶格的情况。高熵合金具有主元多、成分复杂等特点,其晶格畸变的程度通常比传统合金更高。另外,难熔高熵合金主要是单相或双相结构,其简单的相结构会使得大量差异性较大的原子在同一相中出现,因此晶格畸变的程度始终保持在较高的水平,不会因为相分解后元素大量偏析而导致晶格畸变降低。相比 FCC 结构的 3d 过渡族金属高熵合金(如 FeCoCrNiMn)和 HCP 结构的贵金属高熵合金,难熔高熵合金中的晶格畸变更强。这主要是因为难熔高熵合金的 BCC 结构的堆叠密度要比 FCC 结构或 HCP 结构更低,因此可以容纳更高程度的晶格畸变。而且由于合金化之后原子尺寸的改变,计算合金的平均原子尺寸差并不能精确地表达合金的晶格畸变程度。

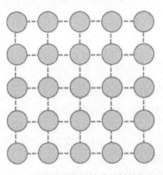
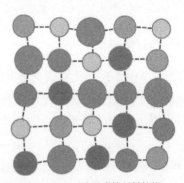

(a) 无晶格畸变的单质材料结构　　　　　(b) 有晶格畸变的高熵材料结构

图 2.6　晶格畸变示意图

　　晶格畸变对难熔高熵合金的相稳定性有着显著影响。Kao 等[5]的研究结果表明,为了释放由 Al 原子引起的晶格畸变能,CoCrFeNi 合金的结构由更密排的 FCC 相转变为密排度更低的 BCC 相,Al 原子引起的晶格畸变导致 FCC 相的失稳。Song 等[6]的研究结果表明,TiZrHfNbTa 难熔高熵合金的晶格畸变能对材料的稳定性起着重要作用。Ikeda 等[7]使用第一性原理计算 TiZrHfTa 和 TiZrHfNbTa 两类非等摩尔比难熔高熵合金的原子位移,晶格畸变会使 BCC 相和 HCP 相达到平衡状态,发生相变诱导塑性现象,使这类材料克服了难熔高熵合金材料本征塑性的不足。

　　晶格畸变对难熔高熵合金材料的另一个重要影响是在力学性能方面。Sohn 等[8]从晶格畸变出发,设计出一种简单的 VCoNi 中熵合金,其屈服强度高达 1000MPa,而且从第一性原理计算得到了 VCoNi 合金晶格畸变的定量数据。An 等[9]将 TiZrHfNbTa 难熔高熵合金中的 Zr 元素用较小的 V 元素替代,替代后的合金在塑性基本不变的情况下,屈服强度提升了 50%,由晶格畸变引起的固溶强化作用提供了高达 1094MPa 的屈服强度。图 2.7 为 NbMoTaWHf$_x$ 难熔高熵合金中晶格畸变与约化屈服强度的关系。Mo 等[10]通过调控 NbMoTaWHf$_x$ 难熔高熵合金中 Hf 元素的含量来调控晶格畸变的程度,其约化屈服强度与晶格畸变之间存在很强的线性关系,表明晶格畸变对此类合金的强化起主导作用。将用原子尺寸更大的 Hf 元素替代 NbMoTaW 难熔高熵合金中的 Mo 元素,合金的晶格畸变和强度得到了同步提高。

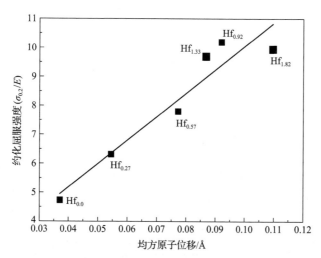

图 2.7　NbMoTaWHf$_x$ 难熔高熵合金中晶格畸变与约化屈服强度的关系

试验上测量晶格畸变的方法有 X 射线衍射(X-ray diffraction, XRD)、中子衍射和透射电子显微术(transmission electron microscope, TEM)等,具体的试验测量过程暂不展开讨论,这里主要关注的是晶格畸变的理论计算方法。第一性原理结合 SQS 模型被广泛应用在难熔高熵合金晶格畸变的研究中,常见的计算分析方法有均方原子位移、绝对原子位移、键长分析、径向分布函数等。均方原子位移的计算公式为

$$d = \frac{1}{N} \sum_{i=1}^{N} \sqrt{(x_i - x_i')^2 + (y_i - y_i')^2 + (z_i - z_i')^2} \tag{2.7}$$

式中,N 为超胞的原子总数;(x_i, y_i, z_i) 和 (x_i', y_i', z_i') 分别为第 i 个原子在结构弛豫前(无晶格畸变)和结构弛豫后的位置坐标。

绝对原子位移的计算与均方原子位移相似,两者都可以定量描述晶格畸变的程度大小。采用第一性原理对高熵合金的结构进行优化后,也可以利用键长分析的方法对优化后的结构进行定量分析。图 2.8 为 NbHfTaW 和 NbMoTaW 难熔高熵合金的绝对原子位移和键长分布。相比之下,NbHfTaW 难熔高熵合金有着更高的

绝对原子位移，表明其晶格畸变更强。一种完全没有晶格畸变的材料（如单质金属），其最近邻键长应该是一个固定值。而随着材料晶格畸变的增强，原子与原子之间的最近邻键长变得不确定，这种不确定性越大，表明晶格畸变越强。从图 2.8(b) 可以看出，NbHfTaW 难熔高熵合金的键长分布范围比 NbMoTaW 难熔高熵合金大得多，如两种合金中都有 Nb-Nb、Nb-Ta、Nb-W、Ta-Ta、Ta-W、W-W 等类型的原子键对，但两种合金中同种原子键对的分布区别较大，NbHfTaW 合金中的键长分布范围要大得多。因此，可以根据键长分布来定量对比不同材料之间的晶格畸变差异。

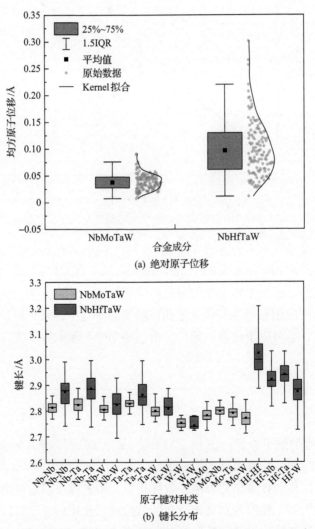

图 2.8　NbHfTaW 和 NbMoTaW 难熔高熵合金的绝对原子位移和键长分布

IQR 表示四分位距

2.3 难熔高熵合金的力学性质计算

随着计算机技术和材料计算理论的发展，理论计算的优势更加凸显，日益成为难熔高熵合金及其他先进材料研发过程中不可缺少的一环。一方面，计算所需的成本越来越低，而各种高精尖试验的成本依旧十分高昂；另一方面，随着计算理论的发展，第一性原理方法对各种数据（如晶格参数、弹性常数、模量、泊松比、层错能等）的预测越来越准确，这些数据可以由第一性原理方法直接得出，既能作为初始参数传递给更大尺度的模拟（如有限元模拟），又可以为相关数据库的建设提供大量可靠的数据源。此外，第一性原理从电子和原子层次对难熔高熵合金的形变机制提供了重要的理论支持。

2.3.1 单晶弹性常数

在研究高熵合金力学性质的文献中，弹性性质是其中一个重要的研究内容。使用第一性原理计算弹性性质时，第一个要计算的是材料的单晶弹性常数，多晶弹性性质、泊松比、硬度等与材料刚度有关的性质均可以从单晶弹性常数推导得到。对于立方结构的原胞模型，独立的弹性常数只有 3 个：C_{11}、C_{12} 和 C_{44}。但对于 SQS 超胞，其对称性被打破，所以一共有 9 个弹性常数：C_{11}、C_{22}、C_{33}、C_{12}、C_{13}、C_{23}、C_{44}、C_{55} 和 C_{66}，在计算时采用平均方法，计算公式为

$$\begin{cases} \overline{C}_{11} = \dfrac{1}{3}(C_{11} + C_{22} + C_{33}) \\[2mm] \overline{C}_{12} = \dfrac{1}{3}(C_{12} + C_{13} + C_{23}) \\[2mm] \overline{C}_{44} = \dfrac{1}{3}(C_{44} + C_{55} + C_{66}) \end{cases} \quad (2.8)$$

为获得这 9 个弹性常数，可以用应力-应变方法，对优化后的结构施加三个应变张量，分别为 $\begin{bmatrix} \varepsilon & 0 & 0 \\ 0 & 0 & \frac{\varepsilon}{2} \\ 0 & \frac{\varepsilon}{2} & 0 \end{bmatrix}$、$\begin{bmatrix} 0 & 0 & \frac{\varepsilon}{2} \\ 0 & \varepsilon & 0 \\ \frac{\varepsilon}{2} & 0 & 0 \end{bmatrix}$ 和 $\begin{bmatrix} \varepsilon & 0 & 0 \\ 0 & 0 & \frac{\varepsilon}{2} \\ 0 & \frac{\varepsilon}{2} & 0 \end{bmatrix}$。

CPA 方法在计算弹性性质时有所不同，对于 BCC 合金，应变张量为

$$\begin{bmatrix} \varepsilon_0 & 0 & 0 \\ 0 & -\varepsilon_0 & 0 \\ 0 & 0 & \dfrac{\varepsilon_0^2}{1-\varepsilon_0^2} \end{bmatrix} \text{和} \begin{bmatrix} 0 & \varepsilon_m & 0 \\ \varepsilon_m & 0 & 0 \\ 0 & 0 & \dfrac{\varepsilon_m^2}{1-\varepsilon_m^2} \end{bmatrix}。$$

对于一种稳定的立方晶格合金，应该满足以下条件：

$$\begin{cases} \bar{C}_{11} - \left| \bar{C}_{12} \right| > 0 \\ \bar{C}_{11} + 2\bar{C}_{12} > 0 \\ \bar{C}_{44} > 0 \end{cases} \tag{2.9}$$

除了应力-应变方法外，还可以采用能量-应变方法，均可得到较准确的弹性常数。图 2.9 为 $Nb_{100-x}Mo_x$ 和 $Ta_{100-x}W_x$ 合金弹性性质的 EMTO-CPA 计算值和试验值，其中空心符号表示计算值，实心符号表示试验值。第一性原理计算很好地反映了弹性性质随成分的变化趋势，且计算的绝对误差较小。

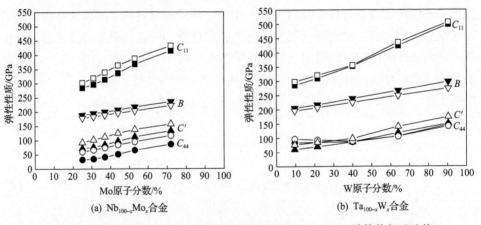

图 2.9　$Nb_{100-x}Mo_x$ 和 $Ta_{100-x}W_x$ 合金弹性性质的 EMTO-CPA 计算值与试验值

2.3.2　多晶弹性性质

难熔高熵合金的多晶弹性性质，如体积模量 B、剪切模量 G、杨氏模量 E、泊松比 ν、弹性各向异性 (A_Z) 等，均可由 $\bar{C}_{11}$、$\bar{C}_{12}$ 和 $\bar{C}_{44}$ 推导得到，计算公式为

$$B = \frac{1}{3}(\bar{C}_{11} + 2\bar{C}_{12}) \tag{2.10}$$

$$G = \frac{1}{2}(G_V + G_R) \tag{2.11}$$

$$E = \frac{9BG}{3B + G} \tag{2.12}$$

$$\nu = \frac{3B - 2G}{2(3B + G)} \tag{2.13}$$

$$A_Z = \frac{2\overline{C}_{44}}{\overline{C}_{11} - \overline{C}_{12}} \tag{2.14}$$

式中，G_R 为采用 Reuss 近似计算的剪切模量最小值；G_V 为采用 Voigt 近似计算的剪切模量最大值。

为了更好地预测材料的力学性质，针对维氏硬度有不同的计算模型：

(1) Teter[11]提出 $HV = 0.151G$。

(2) Chen 等[12]提出 $HV = 2(k^2 G)^{0.585} - 3$，$k = G/B$。

(3) Li 等[13]提出 $HV = 0.92 k^{1.137} G^{0.708}$，$k = G/B$。

此外，合金的理想屈服强度 σ 也可以用经验公式计算，即 $\sigma = HV/3$（MPa）。

图 2.10 为 NbMoTaWRe$_x$ 难熔高熵合金弹性性质随 Re 含量的变化。采用 SQS 和 CPA 两种方法对 NbMoTaWRe$_x$ 难熔高熵合金的体积模量、剪切模量和杨氏模量的计算结果进行对比。NbMoTaW 难熔高熵合金（即 Re 含量为 0）的杨氏模量试验值为 220MPa，SQS 和 CPA 方法的计算值分别为 230MPa 和 251MPa，计算值和试验值一致性较好。随着 Re 含量的增加，合金的三种模量均增加，因此可以预测合金的硬度会随着 Re 含量的增加而增大。

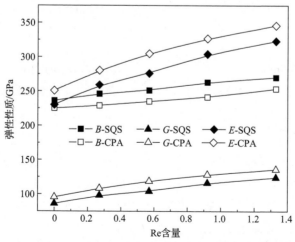

图 2.10　NbMoTaWRe$_x$ 难熔高熵合金弹性性质随 Re 含量的变化

在讨论难熔高熵合金的塑性时，可以利用泊松比、体积模量与剪切模量的比值(B/G)、柯西压力 C'（$C' = C_{12} - C_{44}$）等参数进行初步估计。在 3d 过渡族金属高熵合金中常使用计算层错能来研究材料的塑性，但难熔高熵合金中通常不易出现层错变形，所以层错能不在考虑之内。一般认为，当 $\nu > 0.26$ 或 $B/G > 1.75$ 时，这种材料就可以被认为是本征塑性的，且 ν、B/G 的值越大，其本征塑性越好。

此外，当计算得到材料的单晶弹性张量后，可以进一步分析材料的弹性各向异性。由式(2.14)可以计算材料的弹性各向异性值，当某种材料的 $A_Z \neq 1$ 时，这种材料是一种理想的弹性各向同性材料。任何 $A_Z \neq 1$ 都意味着弹性在空间中是各向异性的，且偏离 1 越大，弹性各向异性特征越强。图 2.11 为 NbMoTaW 和 NbHfTaW 难熔高熵合金的弹性各向异性。NbMoTaW 难熔高熵合金的弹性各向异性值为 0.704，NbHfTaW 难熔高熵合金的弹性各向异性值为 1.008，非常接近 1，是一种非常好的弹性各向同性材料。在工程应用中，为了保证材料具有更好的服役性能，往往需要考虑材料的各向异性，因此在铸造过程中会有目的地控制材料凝固过程中的晶体取向。

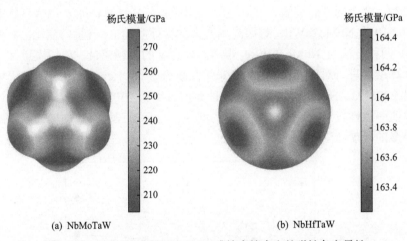

(a) NbMoTaW　　　　　　　　　　　(b) NbHfTaW

图 2.11　NbMoTaW 和 NbHfTaW 难熔高熵合金的弹性各向异性

2.3.3　理想拉伸强度

第一性原理方法受限于模型尺寸，无法像分子动力学方法那样模拟大尺度的变形过程，但依然可以利用第一性原理对难熔高熵合金的理想拉伸行为进行定量分析。Li 等[13]采用 EMTO-CPA 方法对 ZrNbHf 难熔高熵合金的理想拉伸行为进行了细致的研究，并对比了不同合金的理想拉伸强度。理想拉伸强度是材料力学性质在形变程度较大时所展现的在理想状态下无材料缺陷的最大强度。因此，理想拉伸强度可以表征材料的最大拉伸强度，对材料的设计有重要参考作用。[0 0 1]方向是 BCC 体系合金力学性质最弱的方向，因此可以通过评估难熔高熵合金[0 0 1]

方向的理想拉伸强度对合金的力学性质做初步评估。图 2.12 为沿[0 0 1]方向准静态拉伸示意图。针对图 2.12(a)和(b)两种晶格，可以对材料进行准静态拉伸，拉伸强度与应变的关系为

$$\sigma(\varepsilon) = \frac{1+\varepsilon}{\Omega(\varepsilon)} \frac{\partial E}{\partial \varepsilon} \tag{2.15}$$

式中，E 为每个原子的总能；$\Omega(\varepsilon)$ 为应变 ε 时的单位原子体积。

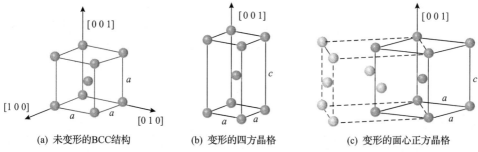

(a) 未变形的BCC结构　　　(b) 变形的四方晶格　　　(c) 变形的面心正方晶格

图 2.12　沿[0 0 1]方向准静态拉伸示意图

在拉伸过程中，每一个应变垂直于[0 0 1]的方向始终被充分弛豫。图 2.13 为几种难熔高熵合金的理想拉伸强度对比。从图 2.13(a)可以看出，NbMoTaW 难熔高熵合金所受的应力随应变的增大而增大，在 13%应变处达到最大值。随着应变的进一步增大，合金因结构失稳应力急剧降低。随着 Hf 含量逐渐增加，NbMoTaWHf$_x$ 难熔高熵合金的最大强度显著降低，然而其应力达到最大值后没有发生骤然降低的情况，而是在一定范围内基本保持不变，这说明在 NbMoTaWHf$_x$ 难熔高熵合金中发生了脆韧转变，材料的塑性相比 NbMoTaW 难熔高熵合金得到了显著改善。

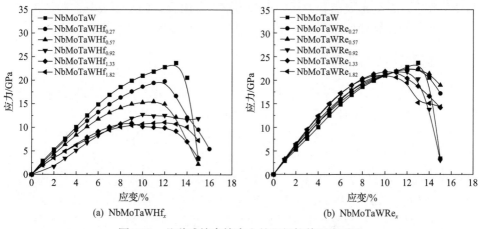

(a) NbMoTaWHf$_x$　　　　　　　　　　　(b) NbMoTaWRe$_x$

图 2.13　几种难熔高熵合金的理想拉伸强度对比

从图 2.13(b) 可以看出, Re 元素的添加没有改善 NbMoTaW 难熔高熵合金的塑性, 但弹性应变阶段的斜率有所增大, 表明合金的杨氏模量和硬度有所提升。

2.4　热力学相图计算

难熔高熵合金主要是单相或双相结构[14], Laves、B2、M_5Si_3 等相是最常见的第二相。难熔高熵合金成分复杂, 加入一些性质差异较大的元素可以强化合金, 但也会使相图的预测变得复杂。因此, 精准预测合金的相结构在难熔高熵材料的设计过程中至关重要。热力学相图计算是一种应用成熟的相图预测方法, 在材料的组织成分设计、相转变温度计算、析出相分析以及成分偏析控制等方面有广泛应用。难熔高熵合金作为一种新兴的、具有巨大应用潜力的新材料, 在其研发设计过程中也广泛应用了相图计算的方法。

2.4.1　相图计算简介

相图在材料设计中可以用来预测钢中的组织以及相变过程, 其缺点是多元体系试验相图绘制困难、耗时长且成本高。随着计算机技术与热力学计算的发展, 计算机技术开始应用于材料的设计中, 相图研究从试验测定为主发展到计算机计算的新阶段。随着材料科学及计算机科学的不断进步, 相图计算成为计算材料学中的重要组成部分, 改变了传统材料研究与开发模式, 有效减少了材料的研发时间和成本, 成为材料设计与研究的重要工具。随着相图计算的发展, 科研人员对热力学数据库和计算软件的开发做了大量工作。

常用的相图计算软件有 Thermo-Calc、JMatPro、FactSage 和 PANDAT, 利用相图计算软件, 可以计算难熔高熵合金对应成分的相种类、相比例、相转变温度、溶质分配等一系列重要信息, 从而根据需求设计出合适的组织成分, 制定工艺参数。目前相图计算软件已广泛应用于新型难熔高熵材料的研究设计中。

2.4.2　难熔高熵合金相图

难熔高熵合金成分复杂, 在计算相图时可以将其处理为伪二元的合金相图来计算。图 2.14 为采用 Thermo-Calc 软件计算的 $NbMoTaWRe_x$ 难熔高熵合金相图, 计算时可将 NbMoTaW 难熔高熵合金作为一种元素, 将 Re 作为另一种元素。从图 2.14(a) 可以看出, 随着凝固的进行, 合金先从熔体中析出 BCC1 相。随着 Re 含量的增加, 在温度接近室温时, 合金的结构演化一次是 BCC→BCC1 + BCC2→BCC1 + BCC2 + SIGMA1→BCC1 + SIGMA1→BCC1 + SIGMA1 + SIGMNA2。仅仅是 Re 含量的变化就能引起相结构的复杂变化, 说明难熔高熵合金的相图对成

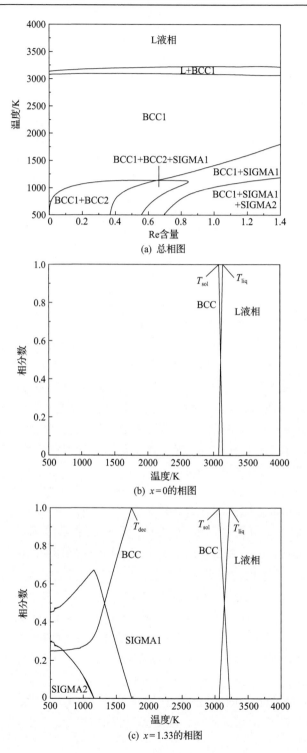

(a) 总相图

(b) $x=0$ 的相图

(c) $x=1.33$ 的相图

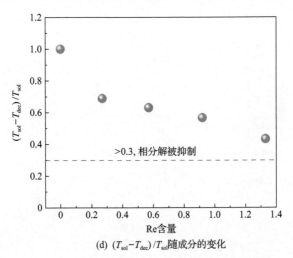

(d) $(T_{sol}-T_{dec})/T_{sol}$ 随成分的变化

图 2.14 采用 Thermo-Calc 软件计算的 NbMoTaWRe$_x$ 难熔高熵合金相图

分是非常敏感的。

　　然而,电弧熔炼得到的 NbMoTaWRe$_x$(0<x<1.4) 难熔高熵合金却是一种单 BCC 相结构,与相图预测的结构显著不同。这种相图计算与实际铸态组织不一致的情况相当常见,主要原因有:①高熵合金数据量不足,数据库不够精确;②相图计算描述的是平衡凝固过程,即在凝固过程中合金的成分始终有足够长的时间充分弛豫,而实际的铸造过程是非平衡凝固过程。电弧熔炼的冷却速度的数量级为 1K/s,其冷却速度较快。而难熔高熵合金的迟滞扩散效应会减缓相分解的速度,在冷却过程中,BCC1 相在较低温度下来不及发生分解就会彻底凝固,铸态合金的单 BCC 相结构因此被保留下来。

　　采用经验公式 $(T_{sol}-T_{dec})/T_{sol}$ 判断高熵合金在较低温度时的相分解,其中 T_{sol} 和 T_{dec} 分别为材料的凝固温度和相分解温度,当比值大于 0.3 时,相分解会被抑制[15]。从图 2.14 (d) 可以看出,这些成分的比值均大于 0.3,所以没有发生相分解。

　　采用 Scheil-Gulliver 模型对非平衡凝固过程的相图进行估计,即通常所说的 Scheil 凝固计算。这个模型假设熔体中的元素扩散是非常充分的,而凝固下来的固相不再有元素扩散。因此,Scheil 凝固相当于一种冷却速度极快的过程。但 Scheil 凝固依然不能代表实际的非平衡凝固过程,一个真实的凝固过程总是介于平衡凝固和 Scheil 凝固之间,因此在预测相图时最好将两种凝固模型同时考虑进去,才能更准确地判断。图 2.15 为 Scheil 凝固计算及凝固过程中的元素偏析。从图 2.15 (a) 可以看出,Scheil 凝固明显偏离了平衡凝固,但在凝固过程中始终只有 BCC 相形成。Scheil 凝固的另一个作用在于可以对凝固过程中的元素偏析进行定性分析,从图 2.15 (b) 可以看出,在凝固过程中 Hf 元素是最后凝固的,因此很可能会出现在枝晶间。

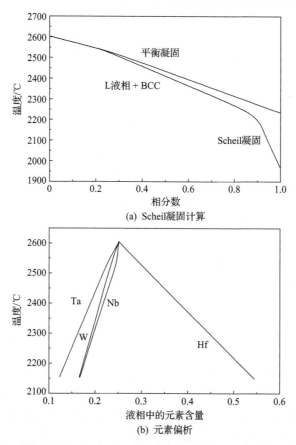

图 2.15　Scheil 凝固计算及凝固过程中的元素偏析

2.4.3　陶瓷相复合难熔高熵合金相图

陶瓷相复合难熔高熵合金是在难熔高熵合金的基础上加入 C、Si、B、N、O 等非金属元素形成的，其中 C 元素使用的频率相对较高。陶瓷相复合难熔高熵合金通常具有极高的强度和硬度，而且随着非金属元素含量的变化会经历非常复杂的相变过程。本小节以 C 元素为代表，讨论几种陶瓷相复合难熔高熵合金的相图随 C 含量的变化。

1. $(NbMoTaW)_{1-x}C_x$

图 2.16 为 $(NbMoTaW)_{1-x}C_x$ 陶瓷相复合难熔高熵合金的相图。可以看出，当 $0 < x < 0.17$ 时，形成 BCC + HCP 相；当 $0.17 < x < 0.3$、$0.33 < x < 0.42$ 时，形成 BCC + FCC + HCP 相，在 0.3～0.33 区域形成 BCC + FCC 双相结构；当 $0.42 < x < 0.5$ 时，形成 FCC + HCP 双相结构；$x = 0.5$ 时形成完全的 FCC 陶瓷结构。

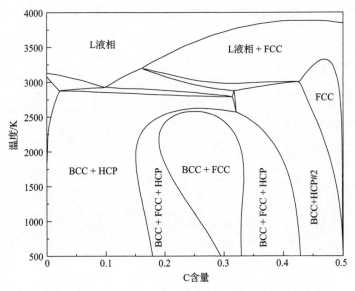

图 2.16　(NbMoTaW)$_{1-x}$C$_x$ 陶瓷相复合难熔高熵合金的相图

2. (NbMoTaWHf)$_{1-x}$C$_x$

图 2.17 为 (NbMoTaWHf)$_{1-x}$C$_x$ 陶瓷相复合难熔高熵合金的相图。可以看出，$0 < x < 0.1$ 时，形成 BCC + FCC + HCP 相，由于 HCP 相的析出温度较低，可能只形成 BCC + FCC 相。同理，在 $0 < x < 0.36$ 的整个区域内，都有可能只形成 BCC +

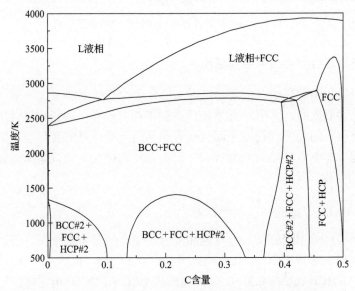

图 2.17　(NbMoTaWHf)$_{1-x}$C$_x$ 陶瓷相复合难熔高熵合金的相图

FCC 相，FCC 相分数随 C 含量的增加而增大。当 $x > 0.36$ 后，形成 BCC + FCC + HCP 相；当 $x > 0.44$ 后，BCC 相消失，形成 FCC + HCP 相，在 $x=0.5$ 附近形成完全的 FCC 陶瓷结构。

3. $(NbMoTaWZr)_{1-x}C_x$

图 2.18 为 $(NbMoTaWZr)_{1-x}C_x$ 陶瓷相复合难熔高熵合金的相图。可以看出，在 $0 < x < 0.375$ 的整个区域内，都有可能只形成 BCC + FCC 双相，有一定概率析出少量 HCP 相。当 $x > 0.375$ 后，形成 BCC + FCC + HCP 相；当 $x > 0.44$ 后，BCC 相消失，形成 FCC + HCP 相，在 $x=0.5$ 附近形成完全的 FCC 陶瓷结构。

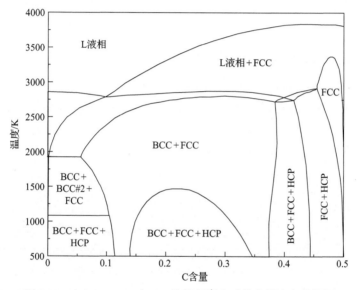

图 2.18 $(NbMoTaWZr)_{1-x}C_x$ 陶瓷相复合难熔高熵合金的相图

上述三个例子尽管基础成分相似，但随着 C 含量的变化，相图区别很大，主要区别在于：

(1) $x=0.5$ 时，即当金属与非金属的原子比为 1:1 时，材料会形成完全 FCC 陶瓷结构。相关研究结果表明，此时的材料结构为金属和 C 元素各自的 FCC 晶格嵌套成一个复式格点。

(2) 随着 C 含量逐渐增加，陶瓷相复合难熔高熵合金依次会发生 BCC → BCC + HCP/FCC → BCC + HCP + FCC → HCP + FCC → FCC 的相变过程。了解陶瓷相复合难熔高熵合金的相变规律对设计新的成分体系有重要帮助，可以根据相图设计所需的材料组织结构以获得最优的力学性能。

2.5　机器学习的性能预测及势函数

高熵材料体系具有良好的热稳定性，高硬度及良好的耐磨性，优异的机械性能、高温强度、抗辐照、耐腐蚀及抗氧化性，被认为是许多工业应用的潜在候选材料，其中主要合金成分为 W、Nb、Mo、Ta 等难熔金属元素的难熔高熵合金和高熵碳化物已成为航空航天工业等超高温服役领域的重要选择。面对高熵合金复杂、广阔的成分空间，传统的经验试错法、热力学模拟、第一性原理计算等方法均无法满足性能导向下高熵合金成分加速设计的需求。近年来，机器学习在原子模拟、物性预测和材料设计等方面的应用为难熔高熵合金及高熵碳化物的研究提供了新的数据驱动范式。

2.5.1　难熔高熵合金机器学习的性能预测

机器学习(machine learning, ML)算法已被用于搜索具有目标性能的高熵合金，包括硬度、热性能和机械性能。机器学习算法的主要目的是寻找全局最优解，并保证求解过程的效率，难熔高熵合金或碳化物性能预测的机器学习算法主要包括人工神经网络、决策树、随机森林、支持向量机、梯度提升、k-近邻。

1. 人工神经网络

神经网络模型由一个输入层、一个输出层和一个或多个称为隐藏层的中间层组成。深度神经网络是具有多个隐藏层的特殊神经网络，具有极强的学习能力。输入数据有一个相关的权重(w_i)，也称为突触权重，它在数学上表示该神经元的重要程度。将神经元的输入信号乘以其突触权值，将此结果相加，再加上偏差(b)，就形成了神经元的输入信息。前馈神经网络用于回归或分类任务的隐藏层数取决于问题本身，通常为 1～5。每个隐藏层的神经元(节点)数量也取决于所研究的问题，通常设置为 10～100。每个神经元都有一个激活函数(f)，加权(w_i)由神经元分配给信号(x_i)，然后将加权信号求和并偏置，结果最终被引入激活函数。激活函数(也称为转换函数)是用来将输出转换到一个期望的范围(通常用 Sigmoid 函数转换到 0～1)，在需要的数据中引入非线性，最终实现期望的输出。Sigmoid、Tahn 和 ReLu 函数是人工神经元常用的激活函数。

2. 决策树

决策树模型是用于描述对实际例子进行分类判别的树状结构，该结构包括节点和有向边，其中节点又分为内部节点和叶节点两种类型。如果将决策树从根节点到叶节点的每一条路径都建立一种规则，让每个内部节点都一一与规则条件相

对应，并让叶节点分别代表对应规则的结果，那么此时的决策树可以视为 if-then
规则的集合。在 if-then 集合中，每个实际例子都可以找到一条唯一与之相对应的
路径，即 if-then 集合中的规则具有互斥且完备的性质。该算法具有分类速度快、
可读性强等优点，但它必须反复训练才能确定树形结构和各种参数，容易出现过
拟合问题，影响泛化能力。在这种情况下，剪枝操作或构建随机森林的方法是较
好的选择。

3. 随机森林

随机森林模型是在训练过程中构建大量的决策树来预测类标签或响应。对于
分类，它通过评估个别树输出的类别的众数来确定新示例的标签，并通过平均各
个树的值来预测示例的输出值。随机森林通常不会过度拟合数据。这些树不同于
标准的决策树，因为每个节点都是使用输入变量的最佳组合进行划分的。随着树
的增长，一个额外的随机性被引入过程中，重新选择一部分特征子集，随机森林
从中搜索最佳的特征组合，进一步增加了模型的泛化能力。在实际应用中，随机
森林具有较高的精度。

4. 支持向量机

支持向量机是用于分类和回归分析的监督学习方法。支持向量机与正则化器
一起最小化损失函数，用于最佳分类模型(或回归模型)。正则化器帮助支持向量
机找到在不同类别的示例之间达到最大差距的分类器，或者帮助支持向量机惩罚
使用大量预测因子或输入变量来找到稀疏模型。支持向量机之所以能带来卓越的
性能，是因为它们能够通过应用"核"映射，使用线性机制构建非线性模型。也
就是说，支持向量机通过"核"计算，将数据从输入空间映射到以输入变量的非
线性项为坐标的高维特征空间，然后在该特征空间中建立线性模型。

5. 梯度提升

梯度提升模型是用于解决回归和分类问题的机器学习技术，对弱预测模型(如
决策树)的集成产生预测模型。不断在先前模型损失函数梯度下降的方向上构建新
的模型，使得决策模型不断改进，然后将所有树的结论进行累加作为最终的预测
输出。梯度提升算法预测精度高、鲁棒性强，可以灵活处理各种数据，在一定程
度上可以避免过拟合问题。

6. k-近邻

k-近邻模型通常用于评价连续数据标签，已广泛应用于回归和分类问题。属
性值是通过对 k 个最近的邻居的数量求平均得到的，其中 k 是用户指定的整数。

与每个最近邻相关的权重可以由其 k 个最近邻平均贡献，或根据它们的相对距离赋予不同的值。例如，最近的邻居比更远的邻居有更高的权重。因此，k-近邻的性能与数据的局部结构有很大关系。

基于高熵合金数据信息，通过训练机器学习模型，建立特征参量与目标性能之间的隐式关系，可以实现目标性能需求导向下的合金成分快速设计，如高强高熵合金设计、难熔高熵合金设计等。目前机器学习算法在高熵合金成分设计中的应用主要为基于模型对合金性能预测的成分设计，优化目标性能主要涉及强度、硬度、模量等，训练数据通常获取自试验研究、模拟计算及物理模型估算。此外，高熵合金巨大的成分空间给目标合金的搜索带来了很大难度，因此遗传算法、布谷鸟算法等优化搜索算法也被用于与机器学习模型的结合，以进一步加速高熵合金的成分设计。

7. 强度性能

机器学习在高熵合金强度性能预测方面的应用涉及屈服强度、抗拉强度以及高温屈服强度，数据集样本有来源于试验研究的，也有借助计算模拟得到的，研究主要侧重利用机器学习实现合金强度性能的准确预测，并基于性能预测结果指导合金的成分设计。Xiong 等[16]基于随机森林模型对高熵合金强度和硬度进行了相关性预测，基于 71 个拉伸强度数据样本和 290 个硬度数据样本建立随机森林模型，实现了对高熵合金强度和硬度的预测相关性分别达到 0.95 和 0.9，利用 shapley 加权解释方法分析了不同特征对合金强度的影响，价电子浓度（valence electron concentration, VEC）、混合熵及电负性差（Δx）三个典型的特征均存在临界值，该研究为调控特征值指导高强高熵合金的成分设计提供了有效方法。

Bhandari 等[17]基于 238 个高熵合金数据样本，以合金成分、模量、密度、混合熵、测试温度等 25 个特征参量为输入，建立了随机森林模型，对不同温度下高熵合金的屈服强度进行预测，精度超过 95%，利用该模型对 NbMoTaWTi、HfMoNbTaTiZr 两种典型难熔高熵合金 800℃、1200℃、1500℃下的屈服强度进行预测，最大误差不超过 7.7%，体现了模型良好的泛化性。

8. 硬度性能

Rickman 等[18]基于 82 个高熵合金样本和价电子浓度、原子半径差、混合熵等 7 个特征参量，利用典型相关分析方法建立了合金硬度与特征参量间的数学表达式，并以该表达式计算数值作为适应度函数值，采用遗传算法在 Al、Cr、Mo、Nb、W 等 16 元成分空间中搜索高硬度高熵合金，试验制备得到 $Co_{33}W_7Al_{33}Nb_{24}Cr_3$（硬度达 1084HV）、$Ti_{18}Ni_{24}Ta_{12}Cr_{22}Co_{24}$（硬度达 1011HV）等 7 种高硬度高熵合金材料，且试验硬度与模型预测结果的相符性可达 90%。Bhandari 等[19]基于 128 个难熔高熵合金样本，以 17 个合金成分、5 个经验参数为特征量，使用线性相关方法筛选后确定 13 个特征为输入，训练深度学习网络预测合金的硬度，基于模型预测结果，筛选制备得到 $Co_{0.1}Cr_3Mo_{11.9}Nb_{20}Re_{15}Ta_{30}W_{20}$ 难熔高熵合金，试验测试硬度与模型预测结果的相对误差低于 15%。

9. 弹性性能

Chanda 等[20]利用 140 个高熵合金数据样本，以电负性差、混合焓、混合熵等 7 个特征参量为输入，训练得到神经网络模型，对合金杨氏模量的预测精度高达 94%。基于 89 个高熵合金数据样本，以 10 个经验参数为输入特征参量，训练梯度提升树回归模型，对合金杨氏模量的预测精度达到 87.7%，该模型对 MoTaTiWZr 合金体系低熵、中熵及高熵成分的 26 个等摩尔比合金杨氏模量的预测结果与试验结果符合较好，混合焓和合金熔点对杨氏模量的预测最为关键。

2.5.2　机器学习势在计算难熔高熵合金中的应用

为了实现对高熵材料的化学复杂性和随机固溶态的研究，需要对其进行理论基础研究和计算模拟。密度泛函理论模拟的尺度通常为几百个原子，而且对计算能力的高要求限制了其在高熵材料中的应用。分子动力学可以处理更长长度和更长时间尺度的模拟，从而适用于包含许多组分的固溶体状态。然而，MD 模拟缺乏原子间的势来表明高熵材料的化学复杂性。原子间势函数参数化了系统的构型空间，将势能表示为原子位置的函数。随着机器学习和人工智能等原子模拟的新范式的发展，使用机器学习算法从 DFT 模拟的结果中拟合原子间势已成为解决传统方法难以获取准确原子间势的重要手段。

Li 等[21]验证了机器学习势在计算难熔高熵合金层错能性质中的应用，使用谱近邻分析势模型计算原子间势，进而使用分子动力学模拟对 NbMoTaW 难熔高熵合金的广义层错能进行研究。计算结果表明，MoNbTaW 难熔高熵合金的广义层错能与 W 和 Mo 更接近，但比 Ta 和 Nb 大得多。另外，螺型位错的 Peierls 应力值为 1620MPa，边缘位错的 Peierls 应力值为 320MPa。最后还评估了 MoNbTaW 难熔高熵合金多晶体的单轴压缩应力-应变行为，经 MD 模拟得到了晶界偏析和短程有序分布。

Liu 等[22]使用机器学习势计算了高熵合金的化学有序，使用分子动力学方法对高熵合金的化学有序/无序进行模拟，通过热容及短程有序的计算结果可以确定三种难熔高熵合金都具有两个有序-无序转变温度 T_1 和 T_2，并且确定了 MoNbTaW 难熔高熵合金具有比 MoNbTaVW 难熔高熵合金更低的有序-无序转变温度。在 1000~2000K 范围内，MoNbTaW 难熔高熵合金主要是固溶体，而 MoNbTaTiW 难熔高熵合金应该含有大量的第二相析出物，这也表明 MoNbTaW 难熔高熵合金的延展性比 MoNbTaVW 难熔高熵合金更强。

参 考 文 献

[1] Kresse G, Hafner J. Ab initiomolecular dynamics for liquid metals. Physical Review B, 1993, 47(1): 558-561.

[2] Vitos L. Computational Quantum Mechanics for Materials Engineers: The EMTO Method and Applications. London: Springer, 2007.

[3] Dai J H, Li W, Song Y, et al. Theoretical investigation of the phase stability and elastic properties of TiZrHfNb-based high entropy alloys. Materials & Design, 2019, 182: 108033.

[4] Walle A, Tiwary P, Jong M D, et al. Efficient stochastic generation of special quasirandom structures. Calphad, 2013, 42: 13-18.

[5] Kao Y F, Chen T J, Chen S K, et al. Microstructure and mechanical property of as-cast, -homogenized, and -deformed Al_xCoCrFeNi $(0 \leqslant x \leqslant 2)$ high-entropy alloys. Journal of Alloys and Compounds, 2009, 488(1): 57-64.

[6] Song H Q, Tian F Y, Hu Q M, et al. Local lattice distortion in high-entropy alloys. Physical Review Materials, 2017, 1(2): 023404.

[7] Ikeda Y, Gubaev K, Neugebauer J, et al. Chemically induced local lattice distortions versus structural phase transformations in compositionally complex alloys. NPJ Computational Materials, 2021, 7(1): 312-319.

[8] Sohn S S, Silva A K, Ikeda Y, et al. Ultrastrong medium-entropy single-phase alloys designed via severe lattice distortion. Advanced Materials, 2019, 31(8): 1807142.

[9] An Z B, Mao S C, Liu Y N, et al. A novel HfNbTaTiV high-entropy alloy of superior mechanical properties designed on the principle of maximum lattice distortion. Journal of Materials Science & Technology, 2021, 79: 109-117.

[10] Mo J Y, Liang X B, Shen B L, et al. Local lattice distortions, phase stability, and mechanical properties of NbMoTaWHf$_x$ alloys: A combined theoretical and experimental study. Computational Materials Science, 2023, 217: 111891.

[11] Teter D M. Computational alchemy: The search for new superhard materials. MRS Bulletin, 1998, 23(1): 22-27.

[12] Chen X Q, Niu H Y, Li D Z, et al. Modeling hardness of polycrystalline materials and bulk metallic glasses. Intermetallics, 2011, 19(9): 1275-1281.

[13] Li X Q, Tian F Y, Schonecker S, et al. Ab initio-predicted micro-mechanical performance of refractory high-entropy alloys. Scientific Reports, 2015, 5: 12334.

[14] Senkov O N, Miracle D B, Chaput K J, et al. Development and exploration of refractory high entropy alloys—A review. Journal of Materials Research, 2018, 33(19): 3092-3128.

[15] Gao M C, Yeh J W, Liaw P K, et al. High-entropy Alloys: Fundamentals and Applications. Boston: Springer Publishing, 2016.

[16] Xiong J, Shi S Q, Zhang T Y. Machine learning of phases and mechanical properties in complex concentrated alloys. Journal of Materials Science & Technology, 2021, 87: 133-142.

[17] Bhandari U, Rafi M R, Zhang C Y, et al. Yield strength prediction of high-entropy alloys using machine learning. Materials Today Communications, 2021, 26: 101871.

[18] Rickman J M, Chan H M, Harmer M P, et al. Materials informatics for the screening of multi-principal elements and high-entropy alloys. Nature Communications, 2019, 10: 2618.

[19] Bhandari U, Zhang C Y, Zeng C Y, et al. Deep learning-based hardness prediction of novel refractory high-entropy alloys with experimental validation. Crystals, 2021, 11 (1): 46.

[20] Chanda B, Jana P P, Das J. A tool to predict the evolution of phase and Young's modulus in high entropy alloys using artificial neural network. Computational Materials Science, 2021, 197: 110619.

[21] Li X G, Chen C, Zheng H, et al. Complex strengthening mechanisms in the NbMoTaW multi-principal element alloy. NPJ Computational Materials, 2020, 6: 70.

[22] Liu X L, Zhang J X, Yin J Q, et al. Monte Carlo simulation of order-disorder transition in refractory high entropy alloys: A data-driven approach. Computational Materials Science, 2021, 187: 110135.

第3章 难熔高熵合金的强韧化设计

3.1 难熔高熵合金的强化机理

合金中常见的强化机制有四种：固溶强化、形变强化(加工硬化)、细晶强化、弥散强化。高熵合金本质上仍然是合金，具有与合金一样的晶体结构和原子排列方式，这样必然会在受力变形时产生运动的位错，也会存在各种晶体缺陷。通常，这些强化机制可以共同对晶体的整体强度做出贡献，即晶体的综合强度是各种强化作用之和，即

$$\sigma_t = \sigma_f + \sigma_{ss} + \sigma_{sh} + \sigma_{gb} + \sigma_{pt} \tag{3.1}$$

式中，σ_f 为晶体的本征或摩擦强度；σ_{gb} 为细晶强化；σ_{pt} 为弥散强化；σ_{sh} 为形变强化；σ_{ss} 为固溶强化。

固溶强化与晶体中的点缺陷有关，形变强化与晶体中的线缺陷有关，细晶强化与晶体中的面缺陷有关，弥散强化与晶体中的体积缺陷有关。

1. 固溶强化

固溶强化是指纯金属经过适当的合金化后，其强度、硬度提高的现象。由于溶质原子与溶剂原子存在尺寸差，合金元素引发局部点阵畸变，晶格畸变增大了位错运动的阻力，使滑移难以进行，从而使合金固溶体的强度与硬度增加。固溶强化的实质是溶质原子与位错的弹性交互作用、电交互作用和化学交互作用。高熵合金是多主元合金，每种组成元素都可以看成一种溶质，不同元素的原子在尺寸、电负性和化学键等属性上存在差异，所以高熵合金有严重的晶格畸变。

固溶强化作用异常剧烈，可显著提高合金的强度和硬度。Wang 等[1]研究了单相 FCC 结构的 $Fe_{40.4}Ni_{11.3}Mn_{34.8}Al_{7.5}Cr_6$ 高熵合金固溶原子分数为 1.1%的 C 元素后不仅可提高合金的屈服强度，还可以提高其延伸率和加工硬化率。Lei 等[2]研究了间隙原子 O、N 对 TiZrHfNb 难熔高熵合金的影响，添加原子分数为 2%的 O 元素时合金的拉伸塑性应变从 14%提高到 27%。

2. 形变强化

形变强化又称为加工硬化，是随着塑性变形的增加，金属流变强度也增加的

现象。形变强化是位错增殖、运动受阻所致。Yao 等[3]的研究结果表明，单相 FCC 结构的 $Fe_{40}Mn_{27}Ni_{26}Co_5Cr_2$ 高熵合金具有高的韧性和显著的形变强化，当合金在冷加工变形量为 60%时产生屈服后也将发生塑性失稳。Shi 等[4]研究了超细晶异质共晶高熵合金中多类型孪晶辅助的多级加工硬化行为。

3. 细晶强化

细晶强化是指通过降低晶粒尺寸来提高金属的强度，多晶体金属的晶粒边界通常是大角度晶界，相邻的不同取向的晶粒受力产生塑性变形时，部分施密特因子大的晶粒内位错源先开动，并沿一定晶面产生滑移和增殖，滑移至晶界前的位错被晶界阻挡，这样一个晶粒的塑性变形就无法直接传播到相邻的晶粒中，造成塑变晶粒内位错塞积。在外力作用下，晶界上的位错塞积产生一个应力场，可以作为激活相邻晶粒内位错源开动的驱动力。晶界越多，晶粒越细，材料的屈服强度就越高。晶粒尺寸与强度的关系一般用 Hall-Petch 关系描述，即

$$\sigma = \sigma_0 + Kd^{-\frac{1}{2}} \tag{3.2}$$

式中，d 为晶粒尺寸；K 为强化系数；σ_0 为晶格摩擦力。

从微观角度来看，晶粒越细，则晶界越多。在多晶体金属中，屈服强度是与滑移从先塑性变形的晶粒转移到相邻晶粒密切相关的。相邻的晶粒取向不同，受力产生塑性变形时，部分晶粒内位错源先开动，并沿一定晶面产生滑移和增殖。滑移至晶界处的位错被晶界阻挡，这样一个晶粒的塑性变形就无法直接传播到相邻的晶粒中，造成塑变晶粒内位错塞积。在外力作用下，晶界上的位错塞积产生一个应力场，致使需要更大的外力才能使相邻晶粒发生塑性变形，从而导致屈服强度提高。晶粒越细，晶界越多，所需外力就越大。

细化晶粒不但可以提高合金的强度，同时可以改善材料的塑性和韧性。在相同外力的作用下，细小晶粒的内部和晶界附近的应变差较小，变形较均匀，所以由应力集中引起开裂的机会也较少。在断裂之前，合金可以承受较大的变形，表现为塑性得到提高。由于细晶粒金属中的裂纹不易产生也不易扩展，在断裂过程中吸收了更多的能量，表现出较高的韧性。Zhang 等[5]使用激光熔覆的方法制备了 FeNiCoCrAlTiSi 合金，细晶强化在合金中起到主要强化作用。Otto 等[6]的研究结果表明，不同晶粒尺寸的 CoCrFeMnNi 高熵合金在不同温度下表现出不同的拉伸力学行为，当晶粒尺寸从 155μm 减小至 4.4μm 时，其抗拉强度从 520MPa 增加至 670MPa，断裂延伸率从 80%降低到 60%。Long 等[7]使用放电等离子烧结法制备细晶 NbMoTaWVCr 难熔高熵合金，研究组织结构和力学性能随工艺参数的演化，晶粒细化显著提高了合金的强度。

4. 弥散强化

弥散强化是指在均匀材料中加入硬质颗粒的一种材料的强化手段。第二相在固溶体晶粒内呈弥散质点或粒状分布,既可显著提高合金强度和硬度,又可使塑性和韧性下降不大,并且颗粒越细小,越呈弥散均匀分布,强化效果越好。弥散强化是第二相尺寸与基体晶粒尺寸有数量级差别时的特殊情形。第二相强化的主要原因是它们与位错间的交互作用,阻碍了位错运动,提高了合金的变形抗力。Wei 等[8]的研究结果表明,在 ReMoTaW 难熔高熵合金中存在富 Ta 第二相,这种细小的富 Ta 第二相通过弥散强化作用提高了合金的强度。Liu 等[9]使用真空热压烧结法制备的 $FeCoCrNiMnTi_{0.1}C_{0.1}$ 合金中存在细小的 $M_{23}C_6$、M_7C_3、$TiMNO_3$ 析出相,析出相在合金中存在弥散强化作用。

3.2 合金元素在难熔高熵合金中的作用机制

合金化是指在金属中有目的地加入其他元素,使金属成为具有特定性能的合金。生活中常见的钢、铝合金、铜合金分别是在铁、铝、铜金属中加入其他元素形成的,C、Si、Mn、S 或 P 都属于合金元素,合金添加剂既可以是纯的材料(镍、铜、铝、石墨粉等),也可以是铁合金(锰铁、硅铁、钒铁、铬铁等),还可以是合金元素的化合物(氧化物、碳化物、氮化物等)。

高熵合金一般是由多种元素以等摩尔比或近似等摩尔比组成的简单固溶体[10-12]。难熔高熵合金是指在高温下仍具有较高使用强度的高熵合金,是一种新型高温合金。目前广泛使用的高温合金是镍基高温合金,受限于熔点,它们的使用温度不超过 1200℃[13,14]。然而,难熔高熵合金在高于 1200℃时仍能保持高强度[15,16]。NbMoTaW 和 NbMoTaWV 难熔高熵合金在 1600℃时仍具有超过 400MPa 的屈服强度[13],这一温度远远超过镍基高温合金的熔点。然而,NbMoTaW 和 NbMoTaWV 难熔高熵合金在室温下却是脆性的[13],不利于工业应用。近年来,科研人员使用合金化方法优化了 NbMoTaW 难熔高熵合金的机械性能,在 NbMoTaW 难熔高熵合金中添加 Ti[17]、Zr[18]、Hf[18]、B[19]和 Si[20]等元素,合金的强度和塑性都得到了显著提高。

3.2.1 NbMoTaWZr 难熔高熵合金组织结构与力学性能

NbMoTaW 难熔高熵合金具有本征脆性,致使其室温使用价值有限。使用合金化方法,调节晶界凝聚力,可以提高合金的室温塑性和强度。Wang 等[21]使用静电悬浮法制备的 NbMoTaWZr 难熔高熵合金熔点为 2413℃,合金由高熵 BCC 相和富 Zr 固溶体组成,初生 BCC 相树枝晶的生长支配着晶化过程。

图 3.1 为 NbMoTaWZr$_x$ 难熔高熵合金的相结构与力学性能。从图 3.1(a)可以看出，随着 Zr 含量的增加，NbMoTaWZr$_x$ 难熔高熵合金的相组成由单 BCC 相结构向双 BCC 相结构转变，且 BCC2 相含量不断增加。从图 3.1(b)可以看出，随着 Zr 含量的增加，NbMoTaWZr$_x$ 难熔高熵合金的强度先升高后缓慢降低，塑性不断提高。当 $x = 1.5$ 时，合金的屈服强度、抗压强度和塑性应变分别为 1591MPa、2273MPa、15.5%，它们分别是 NbMoTaW 难熔高熵合金的 1.58 倍、2.1 倍和 9.1

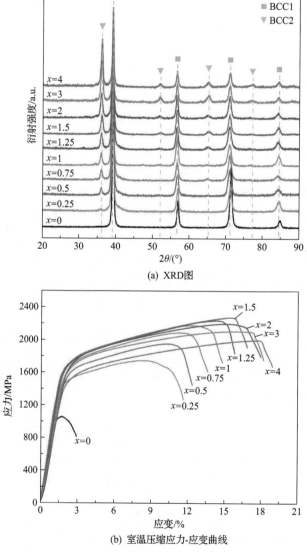

(a) XRD图

(b) 室温压缩应力-应变曲线

图 3.1　NbMoTaWZr$_x$ 难熔高熵合金的相结构与力学性能

倍。随着 Zr 含量的增加，合金逐步由脆性解理断裂转变为准解理断裂，再转变为韧性断裂，可见 Zr 元素的添加可以有效调节合金的断口形貌，改变断裂机制。NbMoTaWZr 难熔高熵合金的强韧化机理可以概括为固溶强化、细晶强化、第二相强化的共同作用。

3.2.2　NbMoTaWTi 难熔高熵合金组织结构与力学性能

Han 等[17]的研究结果表明，NbMoTaWTi 难熔高熵合金在室温下表现出 11.5%的塑性应变，明显优于 NbMoTaW 难熔高熵合金的 1.5%，室温屈服强度从 996MPa提高到 1455MPa。Ti 元素的加入增加了晶格常数，增强了固溶体强化的效果，也提高了 NbMoTaWTi 难熔高熵合金的晶界结合力。此外，NbMoTaWTi 难熔高熵合金在 1200℃时仍保持 586MPa 的屈服强度[22]。这种优异的综合力学性能使NbMoTaWTi 难熔高熵合金成为一种更有希望的新型高温合金。

Wan 等[23]进一步研究得到 NbMoTaWTi 难熔高熵合金在 1600℃下仍表现出优异的力学性能和高温相稳定性。图 3.2 为 NbMoTaWTi 难熔高熵合金在 1600℃下的压缩曲线。NbMoTaWTi 难熔高熵合金在 1600℃下的屈服强度 $\sigma_{0.2}$ 为 173MPa，抗压强度 σ_{m} 为 218MPa。从图 3.2 插图可以看出，试样压缩后呈鼓形，合金在 1600℃时表现为塑性变形行为。在 1600℃压缩后，试样的高度从 5.4mm 下降到约 4.1mm，表面无裂纹。虽然 NbMoTaWTi 难熔高熵合金在 1600℃下的强度不如 NbMoTaVW和 NbMoTaW 难熔高熵合金，但在室温下表现出更好的塑性，从室温到 1600℃一直保持着的高强度和高塑性，这使得 NbMoTaWTi 难熔高熵合金非常有希望作为结构材料在高温领域应用。

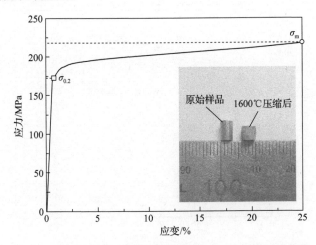

图 3.2　NbMoTaWTi 难熔高熵合金在 1600℃下的压缩曲线

图 3.3 为 NbMoTaWTi 难熔高熵合金退火后组织结构。从图 3.3(a)可以看出，

所有退火样品均呈现单一 BCC 相,表明 NbMoTaWTi 难熔高熵合金在室温至 2000℃范围内具有相稳定性。从图 3.3(b)可以看出,2000℃退火后合金树枝晶的晶粒长大为大晶粒,仍具有单一 BCC 相,即使在随炉冷却的慢速冷却情况下,NbMoTaWTi 难熔高熵合金也具有较高的结构稳定性。

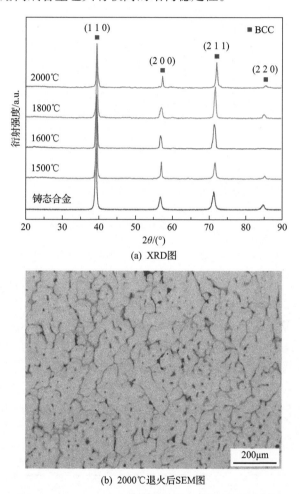

(a) XRD图

(b) 2000℃退火后SEM图

图 3.3 NbMoTaWTi 难熔高熵合金退火后组织结构

图 3.4 为 NbMoTaWTi 难熔高熵合金 1600℃压缩后剖面背散射电子(back scattered electron, BSE)图。1600℃压缩后,合金不再是树枝晶组织,而是转变为等轴晶,其晶粒尺寸大于铸态铸锭晶粒尺寸,图像中不存在晶粒变形的迹象,这可能是压缩过程中动态再结晶导致的。

高软点是决定 NbMoTaWTi 难熔高熵合金高温高强度的重要因素。一般经验认为,合金的软点约为熔点的 0.6 倍$(0.6T_m)$[13],其中 T_m 是合金的熔点,单位为

开氏温度(K)。难熔高熵合金的熔点使用混合物规则估算[24]，即

$$T_\mathrm{m} = \sum_{i=1}^{n} c_i T_{\mathrm{m}i} \tag{3.3}$$

式中，c_i 为第 i 个组元的摩尔分数；$T_{\mathrm{m}i}$ 为第 i 个组元的熔点。

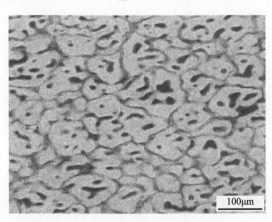

图 3.4　NbMoTaWTi 难熔高熵合金 1600℃压缩后剖面 BSE 图

　　表 3.1 为 NbMoTaWTi 难熔高熵合金和相关元素熔点。根据式(3.3)估算得到 NbMoTaWTi 难熔高熵合金的熔点为 2641℃，因此 NbMoTaWTi 难熔高熵合金的软点约为 1475℃。NbMoTaWTi 难熔高熵合金在 1200℃时的屈服强度约为 586MPa[22]，在 1600℃时的屈服强度下降至 173MPa，软点包含在此温度区间。虽然 NbMoTaWTi 难熔高熵合金的软点低于 1600℃，但是高于普通高温合金的熔点，这对保持高温强度具有一定的作用。估算出的软点也解释了屈服强度从 1200℃到 1600℃的显著下降。高的抗高温软化性能使 NbMoTaWTi 难熔高熵合金在 1600℃下保持了高强度。

表 3.1　NbMoTaWTi 难熔高熵合金和相关元素熔点　　　　　　(单位：℃)

金属	W	Ta	Mo	Nb	Ti	NbMoTaWTi
T_m	3422	3017	2623	2477	1668	2641(计算值)

　　在 1600℃压缩过程中，合金经历了加热、保温和冷却过程。在 1600℃高温条件下，合金晶粒受热长大，所以 NbMoTaWTi 难熔高熵合金在 1600℃压缩后晶粒尺寸变大。样品在加热、压缩和冷却过程中经历了动态再结晶[25]，在高温和变形的作用下诱导了晶核在晶界的形成。由于退火时温度梯度较低，新晶粒在晶界的迁移过程中生长成为等轴晶粒。因此，从 1600℃压缩后 NbMoTaWTi 难熔高熵合金的截面 BSE 图中观察不到晶粒变形，却观察到树枝晶转变为等轴晶。

3.2.3 MoTaWRe 难熔高熵合金组织结构与力学性能

Re 元素常被加入镍基高温合金中以提高其高温力学性能，其熔点高达3186℃。在 NbMoTaW 难熔高熵合金中添加适量的 Re 元素，由于细晶强化和第二相强化作用，也可以提高合金在室温下的强度和塑性[26]。Re 元素与 Mo、Ta、W 元素的原子尺寸差异小，可以减小 MoTaWRe 难熔高熵合金的晶格畸变，提高其延展性[27]。Senkov 等[13]的研究结果表明，NbMoTaW 和 NbMoTaWV 难熔高熵合金中组成元素的高熔点有利于在高温环境中保持强度。由于 Re 元素的熔点高于 Nb 元素，在 NbMoTaW 难熔高熵合金中用 Re 元素替代 Nb 元素是否可以提高合金的高温力学性能呢?

铸态 MoTaWRe 难熔高熵合金为单 BCC 相结构，显微组织为等轴晶。室温压缩屈服强度为 1075MPa，屈服后以恒定速率连续强化，直到应变达到 3.3%、抗压强度达到 1140MPa 时断裂失效。Wei 等[8]的研究结果表明，MoTaWRe 难熔高熵合金断口形貌有河流花样，属于准解理断裂。

Wan 等[28]研究发现，MoTaWRe 难熔高熵合金在 1600℃下的力学性能和高温相稳定性优异。图 3.5 为 MoTaWRe 难熔高熵合金在 1600℃下的压缩曲线。1600℃压缩时，试样表现为持续增强且没有峰值出现，直至压缩应变达到 25%的测试终点。MoTaWRe 难熔高熵合金在 1600℃下的屈服强度 $\sigma_{0.2}$ 为 172MPa，抗压强度 σ_m为 244MPa。从图 3.5 插图可以看出，在 1600℃压缩后，试样的直径从 3.6mm 增加到约 4.2mm，当应变达到 25%时，样品未破裂，表现出塑性变形行为。

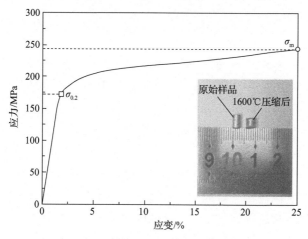

图 3.5 MoTaWRe 难熔高熵合金在 1600℃下的压缩曲线

表 3.2 为 MoTaWRe 难熔高熵合金和相关元素熔点。根据式(3.3)估算得到MoTaWRe 难熔高熵合金的熔点为 3062℃，因此 MoTaWRe 难熔高熵合金的软点

约为 1728℃, 说明合金在 1600℃下仍保持高强度, 这意味着 MoTaWRe 难熔高熵合金有希望作为新型高温合金广泛应用。

表 3.2　MoTaWRe 难熔高熵合金和相关元素熔点　　　（单位：℃）

金属	W	Re	Ta	Mo	WReTaMo
T_m	3422	3186	3017	2623	3062（计算值）

图 3.6 为 MoTaWRe 难熔高熵合金 1600℃压缩后扫描电子显微镜(scanning electron microscope, SEM)图。1600℃压缩后, 晶粒保持等轴晶, 但是在晶界处可以观察到许多沿晶界扩展的裂纹。MoTaWRe 难熔高熵合金在 1600℃压缩时的宏观塑性变形可能是由晶界滑动导致的, 因为在 SEM 图中仅观察到晶间裂纹。裂纹先在晶界处产生, 当受力增加时, 裂纹沿晶界扩展。随着压缩的进行, 晶界开始滑动以抵抗压缩力的作用, 从而导致裂纹沿晶界扩展。这种晶界滑动导致压缩过程中样品尺寸的变化。

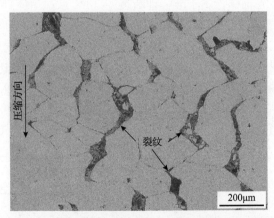

图 3.6　MoTaWRe 难熔高熵合金 1600℃压缩后 SEM 图

3.3　陶瓷强化难熔高熵合金设计

合金化也可以添加非金属元素实现, 少量非金属元素 C、N 的添加可以通过固溶强化的方式提高高熵合金的力学性能[2]。当非金属元素含量继续增加, 使合金中所有元素含量接近等摩尔比时, 合金中会生成第二相陶瓷, 并显著提升合金的强韧性。

3.3.1　碳化物陶瓷强化 NbMoTaW 难熔高熵合金

图 3.7 为 NbMoTaWMC（M = Ti、Zr、Hf 或者不含）难熔高熵合金的相结构和

力学性能。从图 3.7(a)可以看出，添加等摩尔 C 元素后，NbMoTaWMC 难熔高熵合金均由 BCC 相和 FCC 相组成，显微组织为细小片层状的明暗两种区域相间分布。从图 3.7(b)可以看出，添加等摩尔 C 元素后，NbMoTaWMC 难熔高熵合金的强度和塑性均显著提高，其中，NbMoTaWC 难熔高熵合金具有最高的抗压强度，约为 2706MPa，是 NbMoTaW 难熔高熵合金抗压强度的 2.5 倍；NbMoTaWTiC 难熔高熵合金具有最高的塑性，约为 5.3%，是 NbMoTaW 难熔高熵合金塑性的 3.1 倍。由此可见，等摩尔 C 元素的添加可以有效地提高合金的强度和塑性，且第二相强化和细晶强化在增强增塑方面起主要作用。碳化物可以有效地同时提高难熔高熵合金的室温强度和室温塑性。等摩尔比 NbMoTaWMC(M=Ti、Zr、Hf 或者不含)难熔高熵合金中，NbMoTaWC 难熔高熵合金具有最高的强度和塑性的结合，而且添加等摩尔 C 元素后合金中会形成 BCC + FCC 的双相结构，与元素种类无关。

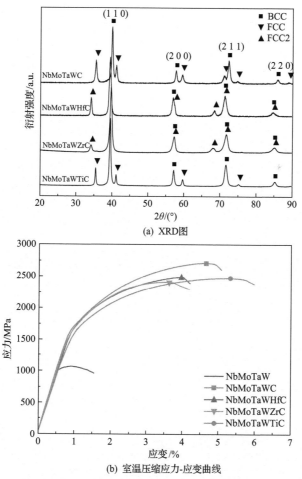

(a) XRD图

(b) 室温压缩应力-应变曲线

图 3.7 NbMoTaWMC(M = Ti、Zr、Hf 或者不含)难熔高熵合金的相结构和力学性能

图 3.8 为 $(NbMoTaW)_{1-x}C_x$ 难熔高熵合金的相结构和力学性能。随着 C 含量的增加,除等摩尔比的 NbMoTaWC 难熔高熵合金仅由 BCC 相和 FCC 相组成外,其余合金中会生成 HCP 相和 FCC 相,而且相分数逐渐增加。但是在 $x=0.2$ 时,等摩尔比 NbMoTaWC 难熔高熵合金中却没有 HCP 相,仅有 BCC 相和 FCC 相。随着 C 含量的增加,BCC 相的晶格常数先增大后减小,FCC 相的晶格常数始终保持 4.385Å,HCP 相的晶格常数逐渐减小。合金组织由树枝晶向亚共晶、共晶、过共晶组织转变,晶粒尺寸不断缩小。HCP 相是一种 M_2C 型碳化物。$x = 0.1 \sim 0.2$ 时合金的综合力学性能最好。FCC 相和 HCP 相的生成导致合金晶粒细化。碳化物陶瓷相的生成对提高 $(NbMoTaW)_{1-x}C_x$ 难熔高熵合金的抗压强度和塑性具有重要作

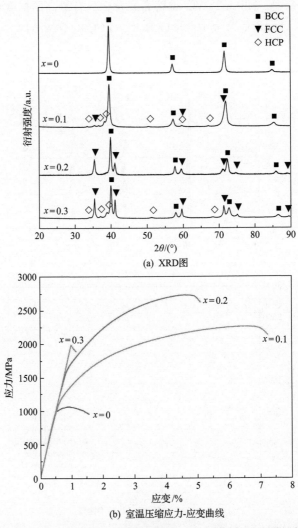

(a) XRD图

(b) 室温压缩应力-应变曲线

图 3.8　$(NbMoTaW)_{1-x}C_x$ 难熔高熵合金的相结构和力学性能

用，主要是第二相强化和细晶强化共同作用的结果。塑性的增加主要是晶粒细化引起的。

图 3.9 为 NbMoTaWC 难熔高熵合金的相分布[29]。从图 3.9(a)可以看出，NbMoTaWC 难熔高熵合金显示三个对比区域：亮区、暗区和灰区，亮区作为基体，而暗区和灰区作为次要相。NbMoTaWC 难熔高熵合金的显微组织也不再是 NbMoTaW 难熔高熵合金那样的树枝晶组织，而是一种类似于共晶结构的组织。电子背散射衍射(electron backscattering diffraction, EBSD)测试表明，合金中亮区对应于 BCC 相，暗区对应于 FCC 相，灰区则是 BCC 相和 FCC 相的混合区，这种混合区是片层状的 BCC 相和 FCC 相的共晶组织。Wei 等[27]在 $MoNbRe_{0.5}W(TaC)_x$ 难熔高熵合金中调节 TaC 的含量，也得到了片层状的共晶组织。

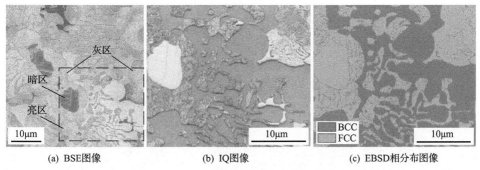

(a) BSE图像　　　　　　　(b) IQ图像　　　　　　　(c) EBSD相分布图像

图 3.9　NbMoTaWC 难熔高熵合金的相分布[29]

为了更加直接地单独研究 FCC 结构碳化物的微观结构，将 NbMoTaWC 难熔高熵合金在混合酸溶液中腐蚀去除 BCC 相，从而获得单独碳化物骨架。图 3.10 为腐蚀后 NbMoTaWC 难熔高熵合金的组织结构。在 XRD 图中仅观察到单一岩盐型碳化物的特征峰(FCC 结构)[30]，这说明成功地将 BCC 结构区域腐蚀掉，仅保留了 FCC 结构区域。与 NbMoTaWC 难熔高熵合金相关的金属碳化物(NbC、MoC、TaC 和 WC)的 XRD 图也一起绘制在图 3.10(a)中，这样做是为了证明 FCC 结构碳化物不是 NbC、MoC、TaC、WC 其中之一，也不是它们之间的混合物。从(111)峰可以看出，碳化物骨架的晶格常数约为其他金属碳化物晶格常数平均值，合金中所含的充足的 C 元素促使具有均匀晶格常数的 FCC 固溶体形成[31]。从图3.10(b)可以看出，腐蚀后剩余合金表面是树枝状骨架结构。FCC 相骨架中有大量细小弥散的球形孔洞，这些孔洞是 BCC 相被酸腐蚀后产生的空位。FCC 相骨架的形态与铸态 NbMoTaWC 难熔高熵合金中暗区和灰区的形态相同。NbMoTaWC 难熔高熵合金中的 FCC 相可以确定为高熵陶瓷(high-entropy ceramic, HEC)相，更具体地说，是一种高熵碳化物陶瓷[31]。高熵陶瓷一般由四种以上金属阳离子与阴离子结合形成具有单相结构的陶瓷[32]。NbMoTaWC 难熔高熵合金中的 FCC 相高熵陶瓷是 MC 型碳化物，其晶体结构如图 3.10(c)所示，其属于 NaCl 石盐型碳化物，立方面心格子。

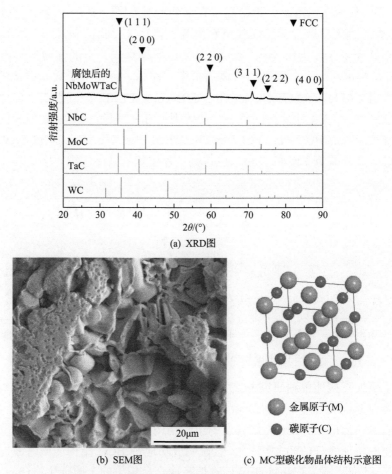

(a) XRD图

(b) SEM图

(c) MC型碳化物晶体结构示意图

图 3.10　腐蚀后 NbMoTaWC 难熔高熵合金的组织结构

碳化物陶瓷相增强的 NbMoTaW 难熔高熵合金不仅在室温下具有良好的强化效果，在高于 1600℃的环境中依然具有优异的力学性能，碳化物陶瓷在高温环境中依然能起到强化作用。图 3.11 为 NbMoTaWC 难熔高熵合金在 1600℃和 1800℃下的压缩曲线。合金在压缩时未出现断裂情况，所以压缩至 30%应变时停止测试。在 1600℃压缩时，NbMoTaWC 难熔高熵合金的屈服强度 σ_y 为 554MPa，抗压强度 σ_m 为 585MPa；在 1800℃压缩时，NbMoTaWC 难熔高熵合金的屈服强度 σ_y 为 262MPa，抗压强度 σ_m 为 291MPa。NbMoTaWC 难熔高熵合金在 1600℃和 1800℃压缩时，在屈服以后强度略微下降直至测试结束，表现为塑性变形行为，试样压缩后均呈现鼓形。

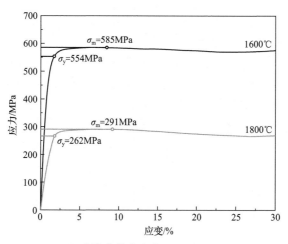

图 3.11　NbMoTaWC 难熔高熵合金在 1600℃和 1800℃下的压缩曲线

图 3.12 为 NbMoTaWC 难熔高熵合金高温压缩后组织结构。从图 3.12（a）和（b）

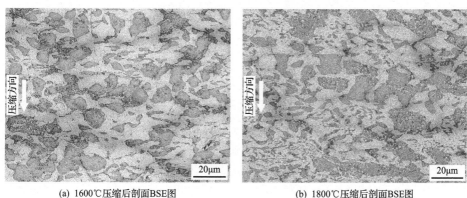

(a) 1600℃压缩后剖面BSE图　　　　　　　　(b) 1800℃压缩后剖面BSE图

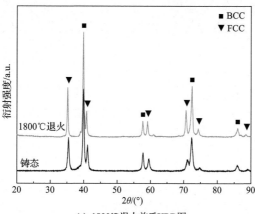

(c) 1800℃退火前后XRD图

图 3.12　NbMoTaWC 难熔高熵合金高温压缩后组织结构

可以看出，高温压缩后 NbMoTaWC 难熔高熵合金虽然产生了 30%的变形量，但是并未观察到裂纹，说明合金在高温下是塑性变形。相比铸态 NbMoTaWC 难熔高熵合金，1600℃和 1800℃压缩后 NbMoTaWC 难熔高熵合金的晶粒尺寸几乎没有变化。这是因为碳化物相的结构在高温下是稳定的，尺寸不易生长，而碳化物又将 BCC 相基体分成细小晶粒，导致 BCC 相基体也不易越过碳化物相长大，从而可以保持晶粒尺寸不变化。暗区的组织有向两侧拉伸的趋势，这是由压缩过程中组织变形产生的。从图 3.12(c)可以看出，NbMoTaWC 难熔高熵合金在 1800℃退火后结构稳定，BCC 相和 FCC 相结构未变化。

NbMoTaWC 难熔高熵合金在高温下的高强度是高软点、细晶强化、第二相强化共同作用的结果。

(1)高软点。

合金的软化温度约为 $0.6T_m$[13, 23, 28]。合金的熔点越高，则软点越高，高软化温度意味着合金保持高温高强度的能力强。难熔高熵合金的熔化温度可以使用式(3.3)进行估算，Nb、Mo、Ta、W、C 元素的熔点分别为 2477℃、2623℃、3017℃、3422℃、3527℃，得到 NbMoTaWC 难熔高熵合金的熔点估算值为 3013℃，所以 NbMoTaWC 难熔高熵合金的软点约为 1698℃，高软点使得合金在高温下仍然具有出色的力学性能。

(2)细晶强化。

NbMoTaWC 难熔高熵合金在高温压缩后，晶粒尺寸几乎不变，仍然约为 4μm，而 NbMoTaW 难熔高熵合金在退火后晶粒却长大了。细晶强化作用在 NbMoTaWC 难熔高熵合金中显得尤为重要，也正是这种晶粒尺寸稳定的特性，使得合金即使在高温下仍然具有高强度。晶粒尺寸的稳定与 BCC 相和 FCC 相间的竞争有关系。在片层状共晶合金组织中，BCC 相与 FCC 相合同生长、互相竞争，一方面碳化物中元素形成离子键合成分比较固定，另一方面 BCC 相的迟滞扩散效应也阻碍了元素的扩散。总之，稳定的晶粒尺寸使合金在高温时仍然是细晶粒，细晶强化作用明显。

(3)第二相强化。

NbMoTaWC 难熔高熵合金在高温退火后，相组成几乎不变。作为第二相的碳化物在退火后稳定存在，仍然可以起到第二相强化的效果。合金的变形阻力取决于两相的体积分数，合金产生一定应变的流变应力为

$$\bar{\sigma} = \sum_{i=1}^{n} \varphi_i \sigma_i \tag{3.4}$$

式中，φ_i 为第 i 相的体积分数；σ_i 为第 i 相的流变应力。

硬脆的碳化物作为第二相分布在基体上，变形主要集中在基体相中，且位错

的移动被限制在很短的距离内，增大了继续变形的阻力，使其强度提高。

总的来说，高熵碳化物相在高温时仍能稳定存在并且尺寸结构稳定，是其强化合金高温性能的重要因素。NbMoTaWC 难熔高熵合金具有良好的室温强塑性和高温强度，非常有希望成为新型高温结构材料。

3.3.2　氮化物陶瓷强化 NbMoTaW 难熔高熵合金

图 3.13 为 NbMoTaWMN（M=Ti、Zr、Hf 或者不含）难熔高熵合金的相结构和力学性能。从图 3.13（a）看出添加等摩尔 N 元素后，NbMoTaWN 难熔高熵合金仍然由单一 BCC 相组成，晶粒仍为胞状晶，但是晶粒尺寸比 NbMoTaW 难熔高熵合金小。NbMoTaWHfN、NbMoTaWZrN、NbMoTaWTiN 难熔高熵合金中分别生成了 HfN、ZrN、TiN 相，其晶粒尺寸远小于 NbMoTaW 难熔高熵合金，显微

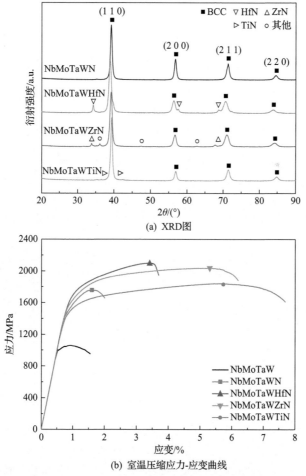

(a) XRD图

(b) 室温压缩应力-应变曲线

图 3.13　NbMoTaWMN（M=Ti、Zr、Hf 或者不含）难熔高熵合金的相结构和力学性能

组织中可以明显分辨出弥散分布的第二相。从图 3.13(b)可以看出，添加等摩尔 N 元素后，NbMoTaWMN 难熔高熵合金的强度和塑性均显著提高，其中，NbMoTaWHfN 难熔高熵合金具有最高的抗压强度，约为 2099MPa，是 NbMoTaW 难熔高熵合金抗压强度的 1.9 倍；NbMoTaWTiN 难熔高熵合金具有最高的塑性，约为 5.7%，是 NbMoTaW 难熔高熵合金塑性的 3.3 倍。由此可见，等摩尔 N 元素的添加可以有效提高 NbMoTaWMN 难熔高熵合金的强度和塑性，且细晶强化和弥散强化在增强增塑方面起主要作用。

图 3.14 为 NbMoTaW(HfN)$_x$ 难熔高熵合金的相结构和力学性能。添加 Hf、N 元素后(N 以 TaN 形式加入)，合金由 BCC 相、HfN 相和少量 MN 相组成。HfN 相并不是未熔化的原料，而是合金中的第二相。生成的 HfN 相体积分数随着 Hf、

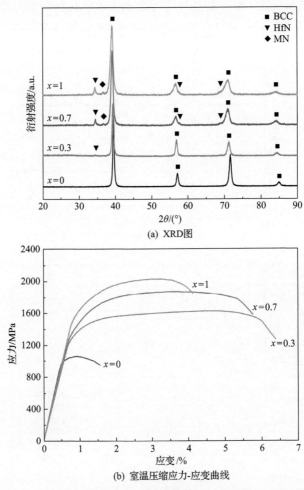

(a) XRD图

(b) 室温压缩应力-应变曲线

图 3.14　NbMoTaW(HfN)$_x$ 难熔高熵合金的相结构和力学性能

N 含量的增加而增加。MN 相是固溶了多种元素的多主元氮化物相，晶体结构是类似于 NbN 和 MoN 的 HCP 结构，N-Hf 原子对绝对值较大的负混合焓促使 HfN 陶瓷相的生成。随着 Hf、N 含量的增加，BCC 相平均晶粒尺寸由 118μm 逐渐细化为 5.5μm。NbMoTaWHfN 难熔高熵合金的抗压强度为 2022MPa，是 NbMoTaW 难熔高熵合金的 1.9 倍。合金的强化主要是固溶强化、弥散强化、细晶强化共同作用的结果。

图 3.15 为 NbMoTaWHfN 难熔高熵合金的相分布。可以看出，暗区为 BCC 相基体；灰区为 FCC 相，对应于 HfN 相；亮区占比最小，对应于 MN 相。

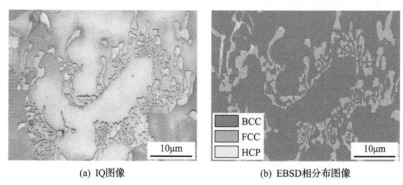

(a) IQ图像   (b) EBSD相分布图像

图 3.15　NbMoTaWHfN 难熔高熵合金的相分布

表 3.3 为 NbMoTaWHfN 难熔高熵合金各原子对的混合焓[33]。混合焓表现为元素之间的亲和力。负混合焓的绝对值越大，合金元素之间越容易结合。可以看出，N 元素与其他金属元素之间的混合焓均为负数，而且绝对值较大，说明 N 元素容易结合其他金属元素生成氮化物。其中，N-Hf 原子对具有绝对值最大的负混合焓，其次是 N-Nb 和 N-Ta 原子对。这说明在液态凝固时，HfN 相会优先结合形成氮化物，也会有少量的其他氮化物聚集在 HfN 相周围形成 MN 相。剩余液体继续凝固时，少量 N 元素固溶入剩余合金中形成 BCC 相。

表 3.3　NbMoTaWHfN 难熔高熵合金各原子对的混合焓[33]

原子对	混合焓/(kJ/mol)	原子对	混合焓/(kJ/mol)	原子对	混合焓/(kJ/mol)
N-Nb	−174	Nb-Mo	−6	Mo-W	0
N-Mo	−115	Nb-Ta	0	Mo-Hf	−4
N-Ta	−173	Nb-W	−8	Ta-W	−7
N-W	−103	Nb-Hf	4	Ta-Hf	3
N-Hf	−218	Mo-Ta	−5	W-Hf	−6

氮化物陶瓷相在高温下也具有稳定的晶粒尺寸、弥散强化的效果。图 3.16 为

NbMoTaWHfN 难熔高熵合金的高温力学性能。在压缩过程中合金未出现断裂情况，所以压缩至产生 30%应变时停止测试。可以看出，1800℃时，NbMoTaWHfN 难熔高熵合金的屈服强度 σ_y 和抗压强度 σ_m 分别为 288MPa 和 316MPa，分别比 NbMoTaWC 难熔高熵合金高出 26MPa 和 25MPa，表现出优异的力学性能。且在 1800℃压缩后发生塑性变形，试样呈鼓形。

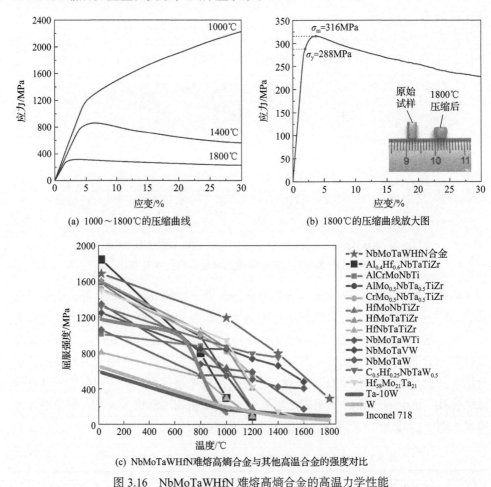

(a) 1000～1800℃的压缩曲线　　　　　　　　(b) 1800℃的压缩曲线放大图

(c) NbMoTaWHfN难熔高熵合金与其他高温合金的强度对比

图 3.16　NbMoTaWHfN 难熔高熵合金的高温力学性能

　　图 3.17 为 NbMoTaWHfN 难熔高熵合金 1800℃压缩后组织结构分析。从图 3.17(a)可以看出，NbMoTaWHfN 难熔高熵合金在 1800℃退火后结构仍然稳定，BCC 相和 HfN 相结构未变化，而 MN 相消失，这是由于退火时元素扩散，HfN 聚集，晶粒长大，合金元素分布趋于稳定。HfN 相在高温下仍然稳定存在于 BCC 相基体中。从图 3.17(b)可以看出，合金的显微组织中树枝晶形貌不再明显，HfN 相变得富集，晶粒长大。这说明在热的作用下，树枝晶晶粒长大，元素发生扩散。

HfN 相尺寸与 BCC 相尺寸有数量级的差别，HfN 相仍然弥散分布在 BCC 相基体中。

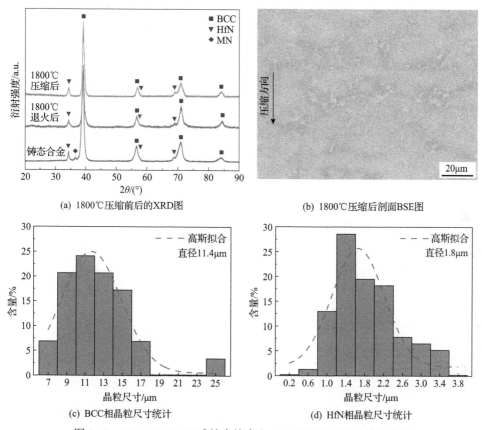

(a) 1800℃压缩前后的XRD图　　　　　　(b) 1800℃压缩后剖面BSE图

(c) BCC相晶粒尺寸统计　　　　　　(d) HfN相晶粒尺寸统计

图 3.17　NbMoTaWHfN 难熔高熵合金 1800℃压缩后组织结构分析

NbMoTaWHfN 难熔高熵合金在高温下的高强度是高软点、细晶强化、弥散强化共同作用的结果。

（1）高软点。

合金的软化温度约为 $0.6T_m$。N 元素的熔点仅有–210℃，不能使用 N 元素的熔点近似估算合金熔点。由于 HfN 相是弥散分布在基体中的，而且 Hf 元素几乎全部分布在 HfN 相中，所以可以将 HfN 看成一个整体，不计算其对合金熔点的贡献。HfN 陶瓷的熔点为 3310℃，剩余 Nb、Mo、Ta、W 元素的计算熔点为 2885℃，所以 NbMoTaWHfN 难熔高熵合金的软点约为 1622℃。虽然这一值低于测试温度 1800℃，但是估算出的高软点对合金的高温强度具有重要作用。

（2）细晶强化。

虽然经 1800℃退火后 NbMoTaWHfN 难熔高熵合金的晶粒长大了，但是相比未添加 Hf、N 元素的 NbMoTaW 难熔高熵合金,晶粒尺寸仍然小得多。根据式(3.2)可知,高温下细小的晶粒强化了 NbMoTaWHfN 难熔高熵合金。

(3)弥散强化。

HfN 相在高温时结构稳定,并且仍然以细小颗粒形式存在。虽然 HfN 相尺寸与 BCC 相尺寸有数量级的差别,但是仍然弥散分布在 BCC 相基体中。根据 Orowan 机制,不可变形微粒对位错运动产生阻碍作用,当移动着的位错与不可变形微粒相遇时,将受到粒子的阻挡而弯曲;随着外应力的增大,位错线受阻部分的弯曲加剧,以致位错线最终形成包围粒子的位错环,剩余位错线越过粒子继续移动。根据 Orowan 机制,当移动着的位错与 HfN 陶瓷相微粒相遇时,会形成位错环,从而所需的外力增加。位错绕过第二相的切应力与第二相的关系为

$$\tau = \frac{Gb}{\lambda} \tag{3.5}$$

式中,b 为柏氏矢量的大小;λ 为第二相粒子间距;τ 为位错绕过第二相的切应力。

切应力 τ 与第二相粒子间距 λ 成反比,λ 越小,强化效果越显著。高温下产生变形时,位错也需要绕过弥散颗粒,并形成位错环,引起强度的提高。

总的来说,HfN 陶瓷相在高温时仍能稳定存在,是其强化合金高温性能的重要因素。

3.4 NbMoTaWX(X = Ti, V, Cr, Zr, Hf, Re)难熔高熵合金计算与验证

尽管 NbMoTaW 难熔高熵合金具有优异的抗高温性能,但是它的室温塑性很差,这极大地阻碍了 NbMoTaW 难熔高熵合金的工程应用与进一步发展。合金化是一种提高 NbMoTaW 难熔高熵合金强韧性的有效方法,但是大部分的研究使用试验手段来设计和提升合金的强度,从原子和电子角度去剖析合金强化机制的较少。添加合金化元素 Ti、V、Re 和 Cu 等有利于提高 NbMoTaW 难熔高熵合金的强度和塑性,例如,V 合金化能够在保持断裂应变的同时提高其屈服强度,Ti 合金化可以明显提高 NbMoTaW 难熔高熵合金的强度和塑性。不同的合金化元素对 NbMoTaW 难熔高熵合金具有不同的强化效果,有些元素仅仅是强化了该合金,却没有改善其塑性,有些元素能够同时提升强度和塑性。到目前为止,合金化元素对 NbMoTaW 难熔高熵合金的机械性能尤其是强度和塑性在原子和电子层次的影响机制还不清楚,需要更系统地研究。因此,为了不弱化合金的抗高温性能,选择 Ti、V、Cr、Zr、Hf 和 Re 等高熔点难熔元素来合金化 NbMoTaW 难熔高熵合金,理论计算结合试验验证预测 NbMoTaWX(X = Ti, V, Cr, Zr, Hf, Re)高强难熔

高熵合金的机械性能，基于弹性性质、成键强度和电子结构等从原子尺度系统地研究合金化元素对 NbMoTaW 难熔高熵合金机械性能的影响。

3.4.1　第一性原理研究

1. 计算细节与模型构建

基于密度泛函理论进行 NbMoTaWX(X = Ti, V, Cr, Zr, Hf, Re)难熔高熵合金的第一性原理计算，使用 MS 软件的 CASTEP 模块和 Reflex 模块来完成。图 3.18 为采用 SQS 方法建立的 NbMoTaWX(X = Ti, V, Cr, Zr, Hf, Re)难熔高熵合金不同结构的超胞模型。经过收敛性测试，NbMoTaWX 难熔高熵合金的截断能 E_{cut} 设为 400～800eV。NbMoTaWX 难熔高熵合金理论 XRD 图谱的计算使用 MS 软件的粉末衍射模块完成，扫描角度选择 $2\theta = 20°～90°$，扫描速度选择 5°/min，衍射类型选择 XRD。

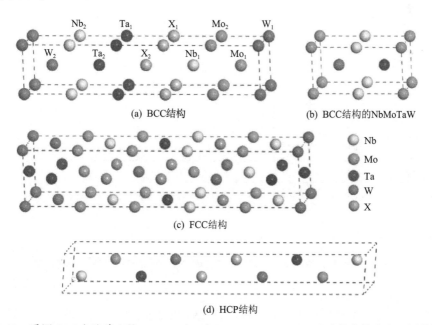

(a) BCC结构　　　　　　　　　(b) BCC结构的NbMoTaW

(c) FCC结构

(d) HCP结构

图 3.18　采用 SQS 方法建立的 NbMoTaWX(X=Ti, V, Cr, Zr, Hf, Re)难熔高熵合金不同结构的超胞模型

为了验证所选参数、计算方法和计算模型的合理性，基于上述模拟方法计算 NbMoTaW 难熔高熵合金的晶格常数和密度，分别为 3.204Å 和 14.023g/cm³，与文献的试验结果十分吻合，说明所采用的计算方法、超胞模型与参数选择对此类难熔高熵合金的性质预测是合理的。

2. NbMoTaWX(X = Ti, V, Cr, Zr, Hf, Re)难熔高熵合金的相结构

1)XRD 图谱

高熵合金通常形成单 FCC、BCC 或 HCP 相固溶体结构，其优异的性能得益于独特的单相固溶体结构。图 3.19 为 NbMoTaWX(X = Ti, V, Cr, Zr, Hf, Re)难熔高熵合金的 XRD 图谱。可以看出，NbMoTaWX 系列难熔高熵合金都是单 BCC 相固溶体结构，且不同的合金化元素对应的主峰位很接近。对于 SQS 方法，该模型得到的 XRD 曲线中存在部分杂峰。NbMoTaWX 系列难熔高熵合金峰位角度分别在 40°、57°、73°和 85°附近，均为单 BCC 相固溶体结构。此外，随着合金化元素原子序数增大，XRD 图谱中主峰位先右移后左移，表明合金的晶格常数先减小后增大。

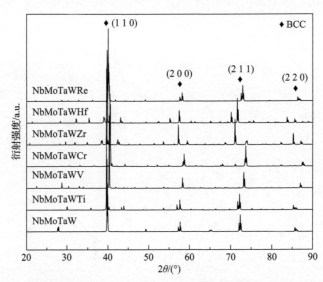

图 3.19　NbMoTaWX(X = Ti, V, Cr, Zr, Hf, Re)难熔高熵合金的 XRD 图谱

2)平均价电子浓度和原子尺寸差

采用一些经验参数和半经验参数来预测未知合金的相结构，既能为试验提供理论指导，又能节省试验成本。平均价电子浓度和原子尺寸差等经验参数可以用来预测高熵合金的相结构，它们的计算公式分别为

$$\text{VEC} = \sum_{i=1}^{n} c_i (\text{VEC})_i \tag{3.6}$$

$$\delta = \sqrt{\sum_{i=1}^{n} c_i \left(1 - \frac{r_i}{\bar{r}}\right)^2}, \quad \bar{r} = \sum_{i=1}^{n} c_i r_i \tag{3.7}$$

式中，c_i 为第 i 个组元的摩尔分数；r_i 为第 i 个组元的共价原子半径；$\bar{r}$ 为所有组元的平均原子半径；$(\text{VEC})_i$ 为第 i 个组元的价电子浓度。

通常，合金形成单相固溶体需要满足以下条件：

(1) FCC, VEC > 8。

(2) BCC, VEC < 6.87，δ < 6.6%。

(3) FCC+BCC, 6.87 < VEC < 8。

图 3.20 为 NbMoTaWX(X = Ti, V, Cr, Zr, Hf, Re)难熔高熵合金的平均价电子浓度和原子尺寸差。可以看出，所有合金的平均价电子浓度都小于 6.87，且相差不大，符合条件(2)，表明上述 NbMoTaWX 难熔高熵合金都形成了单 BCC 相固溶体结构。另外，所有合金的原子尺寸差都小于6.6%，再一次表明上述NbMoTaWX难熔高熵合金都形成了单 BCC 相固溶体结构。每种合金的原子尺寸差有较大的波动，原子尺寸差大的合金表明体系中存在较大的原子错配度和晶格畸变效应。由 δ 值可以看出，NbMoTaWZr 难熔高熵合金的固溶强化效果最明显，相比其他合金，其拥有更好的力学性能。经验参数预测的合金相结构和理论与试验 XRD 图谱结果一致，进一步验证了理论 XRD 预测难熔高熵合金相结构的可行性。

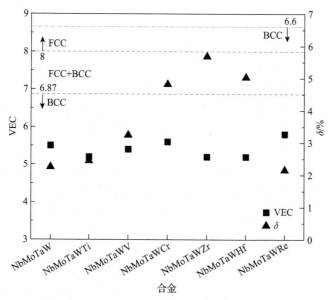

图 3.20　NbMoTaWX(X=Ti, V, Cr, Zr, Hf, Re)难熔高熵合金的平均价电子浓度和原子尺寸差

3) 形成焓和结合能

形成焓和结合能是从能量角度预测高熵合金相结构、金属化合物形成能力和晶体稳定性的一种常用方法。形成焓常用来表示材料晶体形成的困难程度，从热力学和能量的角度看，能够稳定存在的物质的形成焓为负数，且形成焓的绝对值

越大，代表合金的物相形成越容易，合金化能力越强。形成焓的计算公式为

$$H_f = \frac{1}{N_i}\left(E_{tot} - \sum_{i=1}^{n} n_i E_{solid}^i\right) \tag{3.8}$$

式中，E_{solid}^i 为第 i 个组元的纯单质态弛豫后平均到每个原子的基态总能；E_{tot} 为弛豫后的合金基态总能；H_f 为合金的形成焓；N_i 为合金模型中的原子数；n_i 为第 i 个组元的摩尔分数。

结合能常用来衡量晶体的稳定性，结合能的绝对值越大，晶体形成的相结构就越稳定。结合能的计算公式为

$$E_c = \frac{1}{N_i}\left(E_{tot} - \sum_{i=1}^{n} n_i E_{atom}^i\right) \tag{3.9}$$

式中，E_{atom}^i 为第 i 个组元的单个孤立原子弛豫后的基态总能；E_c 为合金的结合能；E_{tot} 为弛豫后的合金基态总能。

采用图 3.18 所建立的合金晶胞模型，弛豫后得到稳定的平衡结构和超胞模型的总能 E_{tot}；在 MS 中的虚拟建模功能导入相应的组元单胞，结构收敛性测试后进行充分弛豫，得到整个单质晶胞的总能，求出平均到每个原子的总能 E_{solid}^i；建立一个 15Å×15Å×15Å 的空晶格，在其正中心加入一个第 i 个组元的原子，进行充分弛豫，得到第 i 个组元的单个孤立原子的总能 E_{atom}^i；代入式(3.8)和式(3.9)计算得到 NbMoTaWX(X = Ti, V, Cr, Zr, Hf, Re)难熔高熵合金 BCC、FCC 和 HCP 三种结构的形成焓和结合能。

图 3.21 为 NbMoTaWX(X=Ti, V, Cr, Zr, Hf, Re)难熔高熵合金的形成焓和结合能。从图 3.21(a)可以看出，FCC 和 HCP 结构的形成焓都是正值，且 HCP 结构的形成焓要高于 FCC 结构。添加 Ti、V、Cr、Zr、Hf、Re 等元素来合金化 NbMoTaW 难熔高熵合金，更倾向于形成 FCC 结构。BCC 结构比 FCC 和 HCP 结构拥有更负的形成焓，这表明 BCC 结构是三种结构中最容易形成的。因此，形成焓可以预测 NbMoTaWX 难熔高熵合金在室温下是 BCC 单相固溶体结构。此外，NbMoTaWV 和 NbMoTaWRe 难熔高熵合金拥有最低的形成焓，相比其他合金更容易形成。从图 3.21(b)可以看出，NbMoTaWX 难熔高熵合金的结合能都是负值，表明合金的晶体结构都能稳定存在。BCC 结构是三种结构中结合能最低的，表明 BCC 结构的晶体稳定性要优于 FCC 和 HCP 结构。综上所述，形成焓和结合能都表明 NbMoTaWX 难熔高熵合金更倾向于形成 BCC 固溶体结构且能够稳定存在，这和理论与试验 XRD 分析结果、经验参数预测结果十分吻合。因此，本章后续的弹

性性质和电子结构的计算都采用 BCC 结构的超胞模型。

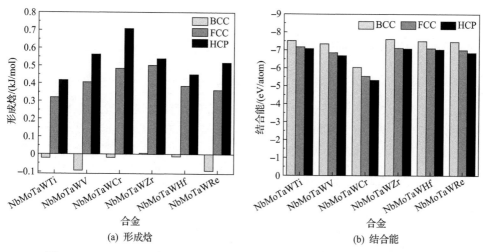

图 3.21　NbMoTaWX(X=Ti, V, Cr, Zr, Hf, Re)难熔高熵合金的形成焓和结合能

3. NbMoTaWX(X = Ti, V, Cr, Zr, Hf, Re)难熔高熵合金的弹性性质

1)弹性常数和弹性模量

弹性常数(C_{11}、C_{12}、C_{44})和弹性模量(B、G、E、ν)是能够反映出晶体材料机械性能的关键参数，二者通常呈正相关。体积模量反映了材料的不可压缩性和塑性，在施加外部应力情况下，材料的体积模量越大，意味着材料的不可压缩性越强；剪切模量反映了材料抵抗剪切变形的能力，材料的剪切模量越大，材料抵抗剪切变形的能力越强；杨氏模量衡量材料弹性变形的困难程度，杨氏模量越大，材料的刚度越大，越难发生形变。因此，材料的不可压缩性和抗剪切变形能力越大，表明材料的刚度越大，塑性越差。为了研究合金化元素对合金机械性能的影响，研究并分析 NbMoTaWX(X = Ti, V, Cr, Zr, Hf, Re)难熔高熵合金的弹性常数和弹性模量。

采用基于 DFT 的应力-应变方法来求解弹性常数，采用 Voigt-Reuss-Hill 方法求解多晶弹性模量。采用图 3.18 的计算方法和参数对超胞模型进行弛豫，得到平衡结构，进一步对平衡结构进行弹性常数计算。通常，BCC 结构拥有三个独立的弹性常数(C_{11}、C_{12}、C_{44})，由于建立的超胞较低的结构对称性和大尺寸的影响，弛豫后的结构弹性常数 C_{ij}' 有 9 个。因此，对 SQS 方法获得的 9 个弹性常数进行平均化处理，得到平均弹性常数，即

$$\begin{cases} \bar{C}_{11} = \dfrac{1}{3}(C'_{11} + C'_{22} + C'_{33}) \\[2mm] \bar{C}_{12} = \dfrac{1}{3}(C'_{12} + C'_{13} + C'_{23}) \\[2mm] \bar{C}_{44} = \dfrac{1}{3}(C'_{44} + C'_{55} + C'_{66}) \end{cases} \tag{3.10}$$

表 3.4 为 NbMoTaWX(X = Ti, V, Cr, Zr, Hf, Re)难熔高熵合金超胞模型的 9 个独立弹性常数。表 3.5 为 NbMoTaWX(X = Ti, V, Cr, Zr, Hf, Re)难熔高熵合金的弹性性质。图 3.22 为 NbMoTaWX(X = Ti, V, Cr, Zr, Hf, Re)难熔高熵合金的弹性性质变化曲线。可以看出，NbMoTaWX 难熔高熵合金与 NbMoTaW 难熔高熵合金的 C_{12} 与 C_{44} 基本一致，加入不同的合金化元素对 NbMoTaW 难熔高熵合金的 C_{12} 与 C_{44} 影响不大，但是 C_{11} 曲线波动幅度很大，其中 NbMoTaWZr 难熔高熵合金的 C_{11} 值最小。此外，由 MS 算得的多晶弹性模量(B, G, E)也绘于图 3.22 中，可以看出，弹性常数(C_{11}、C_{12}、C_{44})和弹性模量(B、G、E)的变化趋势是一致的，其中 C_{11} 与 B 和 E 的变化趋势一致，C_{12} 和 C_{44} 与 G 的变化趋势一致。图中所示的几种高熵合金的剪切模量基本相同，表明这些合金的抗剪切变形能力相近。相比 NbMoTaW 难熔高熵合金，NbMoTaWX 难熔高熵合金的体积模量减小，表明合金化后不可压缩性减弱。E 与 B 有着相同的变化规律，合金化减弱了 NbMoTaW 难熔高熵合金的刚度，提高了塑性。综合 B、G 和 E 变化，合金化有利于提高合金的可压缩性和塑性。

表 3.4　NbMoTaWX(X=Ti, V, Cr, Zr, Hf, Re)难熔高熵合金超胞模型的 9 个独立弹性常数

合金	C'_{11} /GPa	C'_{12} /GPa	C'_{13} /GPa	C'_{22} /GPa	C'_{23} /GPa	C'_{33} /GPa	C'_{44} /GPa	C'_{55} /GPa	C'_{66} /GPa
NbMoTaW	401	166	154	400	154	375	76	76	85
NbMoTaWTi	352	128	138	352	139	289	71	71	44
NbMoTaWV	386	141	145	386	144	365	65	64	65
NbMoTaWCr	396	151	152	396	151	390	65	66	75
NbMoTaWZr	306	142	103	306	104	191	51	51	60
NbMoTaWHf	342	136	126	342	126	277	64	64	58
NbMoTaWRe	434	201	158	434	158	412	62	62	103

表 3.5　NbMoTaWX(X=Ti, V, Cr, Zr, Hf, Re)难熔高熵合金的弹性性质

合金	C_{11}/GPa	C_{12}/GPa	C_{44}/GPa	C_{12}–C_{44}/GPa	B/GPa	G/GPa	B/G	E/GPa	ν	A_z
NbMoTaW	392	158	79	79	236	92	2.565	245	0.327	0.243
NbMoTaWTi	331	135	62	73	200	73	2.740	196	0.337	0.268
NbMoTaWV	379	143	65	78	222	82	2.707	200	0.348	0.338

续表

合金	C_{11}/GPa	C_{12}/GPa	C_{44}/GPa	C_{12}–C_{44}/GPa	B/GPa	G/GPa	B/G	E/GPa	ν	A_Z
NbMoTaWCr	394	151	69	83	232	86	2.698	231	0.334	0.323
NbMoTaWZr	268	116	54	62	160	61	2.623	163	0.330	0.206
NbMoTaWHf	320	129	62	67	192	74	2.595	195	0.330	0.260
NbMoTaWRe	427	172	76	96	257	91	2.824	245	0.341	0.293

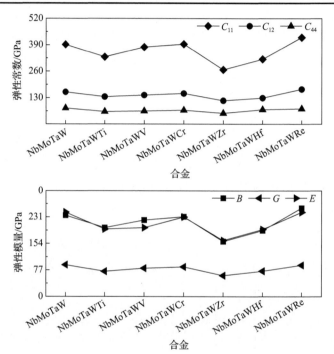

图 3.22　NbMoTaWX（X=Ti, V, Cr, Zr, Hf, Re）难熔高熵合金的弹性性质变化曲线

2）力学稳定性

NbMoTaWX（X = Ti, V, Cr, Zr, Hf, Re）难熔高熵合金的力学结构稳定性也越来越备受关注，因此这里研究 NbMoTaWX 难熔高熵合金平衡结构的力学稳定性。通常，用 Born 准则来预测难熔高熵合金的力学结构稳定性，即

$$\begin{cases} \overline{C}_{11} > 0 \\ \overline{C}_{44} > 0 \\ \overline{C}_{11} - \overline{C}_{12} > 0 \\ \overline{C}_{11} + 2\overline{C}_{12} > 0 \end{cases} \tag{3.11}$$

如果计算的弹性常数能够满足 Born 准则条件，便认为该高熵合金在力学上是

结构稳定的。经计算，所有 NbMoTaWX 难熔高熵合金的弹性常数(C_{11}、C_{12}、C_{44})满足 Born 准则，表明合金的平衡结构是力学稳定的。

3) Pugh 比率(B/G)、泊松比(ν)和柯西压力值(C_{12}–C_{44})

通常，可用 Pugh 比率(B/G)、泊松比(ν)和柯西压力值(C_{12}–C_{44})等常用准则来预测合金的塑性/脆性。当 $B/G > 1.57$ 时，材料表现为塑性，且 B/G 值越大，塑性越好；当 $B/G < 1.57$ 时，材料表现为脆性。当 $\nu > 0.33$ 时，材料表现为塑性；反之，材料表现为脆性。图 3.23 为 NbMoTaWX(X = Ti, V, Cr, Zr, Hf, Re)难熔高熵合金的 B/G 与 ν。可以看出，NbMoTaWX 难熔高熵合金的 B/G 都大于 1.57，且都高于 NbMoTaW 难熔高熵合金，表明加入合金化元素后，NbMoTaW 难熔高熵合金的室温塑性有所改善。NbMoTaW 难熔高熵合金的 ν 小于 0.33，表现为脆性断裂行为，该合金为沿晶断裂；NbMoTaWX 难熔高熵合金的 ν 均大于 0.33，表现为塑性，这也表明合金化有助于提高 NbMoTaW 难熔高熵合金的室温塑性。柯西压力值(C_{12}–C_{44})可以预测合金是否形成金属键，是一个能够预测材料成键特征和内在塑性的重要参数。当 C_{12}–C_{44}>0 时，认为合金体系中有金属键形成，合金具有内在塑性。从表 3.5 可以看出，所有合金的 C_{12}–C_{44} 都为正值，表明 NbMoTaWX 难熔高熵合金中形成了金属键，具有内在塑性。

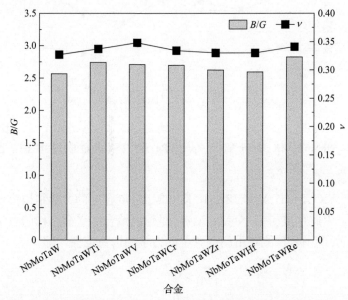

图 3.23　NbMoTaWX(X=Ti, V, Cr, Zr, Hf, Re)难熔高熵合金的 B/G 与 ν

4) 弹性各向异性

弹性各向异性与材料的微观裂纹和变形息息相关。通常，使用各向异性因子 A_Z 来描述材料的各向异性程度，计算公式为

$$A_Z = \frac{\bar{C}_{11} - \bar{C}_{12} - 2\bar{C}_{44}}{\bar{C}_{11} - \bar{C}_{44}} \tag{3.12}$$

$A_Z = 0$（临界值），则材料为完全各向同性；$A_Z = 1$，则材料为完全各向异性；介于两者之间，则表示各向异性的程度。从表 3.5 可以看出，NbMoTaW、NbMoTaWTi、NbMoTaWV、NbMoTaWCr、NbMoTaWZr、NbMoTaWHf 和 NbMoTaWRe 难熔高熵合金的 A_Z 值分别为 0.243、0.268、0.338、0.323、0.206、0.260 和 0.293，7 种合金的弹性各向异性遵循如下关系：NbMoTaWV > NbMoTaWCr > NbMoTaWRe > NbMoTaWTi > NbMoTaWHf > NbMoTaW > NbMoTaWZr。

杨氏模量也反映了材料发生弹性变形的困难程度，杨氏模量越大的材料具有越大的刚度，越不容易发生形变。杨氏模量具有的各向异性会导致材料在不同方向的性能有很大差异，使用弹性常数对所有难熔高熵合金杨氏模量的各向异性进行了预测，NbMoTaWX 难熔高熵合金的杨氏模量具有不同程度的各向异性，它们的弹性各向异性遵循如下关系：NbMoTaWV > NbMoTaWCr > NbMoTaWRe > NbMoTaWTi > NbMoTaWHf > NbMoTaWZr > NbMoTaW。三维杨氏模量预测的各向异性与各向异性因子 A_Z 预测结果是吻合的。

4. NbMoTaWX（X = Ti, V, Cr, Zr, Hf, Re）难熔高熵合金的电子结构

1）电子态密度

在一定程度上，合金的宏观机械性能与其电子结构和原子相互作用密切相关，不同合金化元素对 NbMoTaW 难熔高熵合金性能强化机理的差异在于合金的电子结构和原子相互作用的区别。因此，这里研究 NbMoTaWX（X = Ti, V, Cr, Zr, Hf, Re）难熔高熵合金的总电子态密度和分波电子态密度。

NbMoTaW 难熔高熵合金整个电子反应能区为–10～30eV，在费米能级线最近的双强峰对应的能量分别为–2.36eV 和 2.69eV；NbMoTaWV、NbMoTaWCr、NbMoTaWHf 和 NbMoTaWRe 难熔高熵合金的总电子态密度和分波电子态密度与 NbMoTaW 难熔高熵合金相似，它们在费米能级线最近的双强峰对应的能量分别为–0.52eV 和 3.16eV、–1.59eV 和 2.5eV、–1.05eV 和 3.46eV、–1.69eV 和 1.57eV。因此，NbMoTaW、NbMoTaWV、NbMoTaWCr、NbMoTaWHf、NbMoTaWRe 难熔高熵合金的赝能隙分别为 5.05eV、3.68eV、4.09eV、4.51eV、3.26eV。赝能隙是指费米能级线附近的两个最近强峰之间的能量差，反映了合金系统的共价性，赝能隙越宽，共价性越强。加 V、Cr、Hf、Re 合金化后的赝能隙比 NbMoTaW 难熔高熵合金缩短，表明上述合金化元素有利于减少合金体系中的共价性。另外，加 V、Cr、Hf、Re 合金化后的总电子态密度与 NbMoTaW 难熔高熵合金基本相似，表明合金化后仍是 BCC 相，没有相变发生。与 NbMoTaW 难熔高熵合金相比，合

金化后的总电子态密度在高能区的导带变得更加平缓、紧凑以及波谷减少，表明添加合金化元素后体系中存在更加强烈的轨道电子相互作用。对了 NbMoTaW 和 NbMoTaWX(X = V, Cr, Hf, Re) 难熔高熵合金，共价性主要来源于 Nb、Mo、Ta 和 W 原子 d 轨道的电子杂化作用以及少量的 s 轨道与 p 轨道的电子杂化作用。

　　与 V、Cr、Hf、Re 合金化相比，NbMoTaWTi 和 NbMoTaWZr 难熔高熵合金整个电子反应能区分别为–60～30eV 和–50～30eV，在费米能级线最近的双强峰对应的能量分别为–0.86eV 和 3.29eV、–1.01eV 和 2.04eV，对应的赝能隙分别为 4.15eV 和 3.05eV，表明合金化后的共价性弱于 NbMoTaW 难熔高熵合金。此外，NbMoTaWTi 和 NbMoTaWZr 难熔高熵合金中有可能形成了 Ti—Ti 或者 Zr—Zr 金属键，这对合金的强度和塑性将有很大的提升。所有合金在费米能级线处的总电子态密度不为零，表明合金具有金属性特征，相比 NbMoTaW 难熔高熵合金，五元合金在费米能级线处的总电子态密度更高，表明其具有更好的金属性。

　　2) 重叠布居数

　　为了进一步分析 NbMoTaWX 难熔高熵合金的成键特征和塑性/脆性，系统地计算了合金的电荷重叠布居数以及键长。原子间电荷的重叠布居数可以反映成键原子的核外电子反应重叠程度以及成键状况等，因此材料的塑性/脆性与重叠布居数有关联，通常正的重叠布居数象征着材料以共价键形式结合，且数值越大，共价性越强，塑性越弱；相反，负的重叠布居数表明合金中会形成反键，原子间的排斥力会增加。因此，可以使用共价性程度和成键类型来间接判断 NbMoTaWX 难熔高熵合金的塑性和脆性。图 3.24 为 NbMoTaWX(X = Ti, V, Cr, Zr, Hf, Re) 难

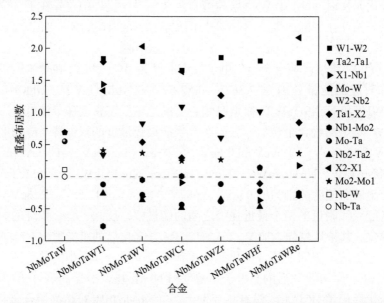

图 3.24　NbMoTaWX(X=Ti, V, Cr, Zr, Hf, Re)难熔高熵合金的重叠布居数

熔高熵合金的重叠布居数。可以看出，NbMoTaW 难熔高熵合金只存在正的重叠布居数，表明合金由共价键主导，因此室温下的塑性应变很低，表现为脆性行为。而 NbMoTaWX 难熔高熵合金出现了较多负的重叠布居数，五元合金系统仍以共价键为主，与此同时，合金体系中形成了不同类型的化学键，增加的化学键类型以及越来越复杂的原子相互作用导致体系的共价性减弱和金属性增强。总之，五元合金形成的反键数目超过了 NbMoTaW 难熔高熵合金，合金化提高了合金的强度和塑性。此外，在 NbMoTaWX 难熔高熵合金中，W2-Nb2、Nb2-Ta2 和 Nb1-Mo2 化学键的重叠布居数都小于零，意味着这些原子不再以共价键结合，可能与金属键相关。重叠布居数的分析结果表明，合金化元素有利于强化 NbMoTaW 难熔高熵合金。

5. NbMoTaWX(X = Ti, V, Cr, Zr, Hf, Re) 难熔高熵合金的理论硬度

硬度是衡量材料抵抗局部变形能力的一种指标，与合金的塑性密切相关，因此这里研究 NbMoTaWX(X = Ti, V, Cr, Zr, Hf, Re) 难熔高熵合金的理论硬度。难熔高熵合金的理论硬度计算公式为

$$HV = 2 \times \left(\frac{G^3}{B^2} \right)^{0.585} - 3 \qquad (3.13)$$

式中，B 为 MS 计算得到的体积模量；G 为 MS 计算得到的剪切模量。

表 3.6 为 NbMoTaWX(X = Ti, V, Cr, Zr, Hf, Re) 难熔高熵合金的理论硬度。图 3.25 为 NbMoTaWX(X = Ti, V, Cr, Zr, Hf, Re) 难熔高熵合金的理论硬度对比。可以看出，加入 Ti、V、Cr、Zr、Hf、Re 合金化后的硬度有所降低，其中 NbMoTaWTi 和 NbMoTaWZr 难熔高熵合金的硬度相对较低，其他合金的硬度相对较高。

表 3.6 NbMoTaWX(X = Ti, V, Cr, Zr, Hf, Re) 难熔高熵合金的理论硬度

合金	理论硬度/HV
NbMoTaW	635
NbMoTaWTi	456
NbMoTaWV	521
NbMoTaWCr	548
NbMoTaWZr	416
NbMoTaWHf	512
NbMoTaWRe	530

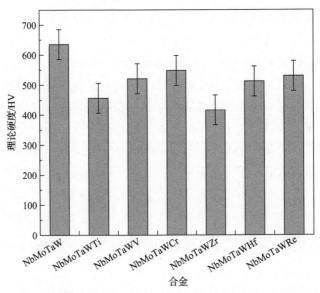

图 3.25　NbMoTaWX(X = Ti, V, Cr, Zr, Hf, Re)难熔高熵合金的理论硬度对比

6. NbMoTaWX(X=Ti, V, Cr, Zr, Hf, Re)难熔高熵合金的理想强度

金属材料的理想强度指的是晶体内部无气孔、位错、孪晶等缺陷的理想材料，在外界持续应力作用下发生结构失稳时达到的最大强度，是衡量材料对持续应力变形的抵抗能力。由于各向异性的影响，金属材料在不同晶体取向上的理想强度不同，取所有高对称方向中最大的强度作为材料的理想拉伸强度、压缩强度以及剪切强度。目前，制备完美无缺陷的金属材料的技术还不够成熟，难以获得材料的试验理想强度。随着科学技术和计算理论的发展，可以从理论计算模拟的角度，使用固定应变计算应力或者固定应力计算应变的方法模拟材料内部原子的相互作用，计算得到材料的理想强度。由于研究的 NbMoTaW 难熔高熵合金室温下塑性较差，相比其他过渡族高熵合金，其拥有更好的压缩力学性能。因此，使用第一性原理以固定应变计算应力，固定晶胞某一方向的晶格常数并施加持续的压缩应变，弛豫另外两个方向，直至材料达到极限（即化学键断裂或者结构优化不收敛）的情况下采集最大应力和应变值，模拟计算 NbMoTaWX 难熔高熵合金在基态(0T 和 0K)下的理想压缩强度。图 3.26 为 NbMoTaWX(X = Ti, V, Cr, Zr, Hf, Re)难熔高熵合金在[1 0 0]、[0 1 0]和[0 0 1]方向的应力-应变曲线。

表 3.7 为 NbMoTaWX(X = Ti, V, Cr, Zr, Hf, Re)难熔高熵合金在[1 0 0]、[0 1 0]和[0 0 1]方向的最大应力与最大应变。可以看出，六种合金最大的压缩应力分别为 27.48GPa、30.86GPa、34.88GPa、26.71GPa、30.20GPa 和 36.29GPa，对应的压缩应变分别为 12%、12%、10%、12%、12%和 10%。它们在三个方向的各向压缩

比率约为 1:1:1。

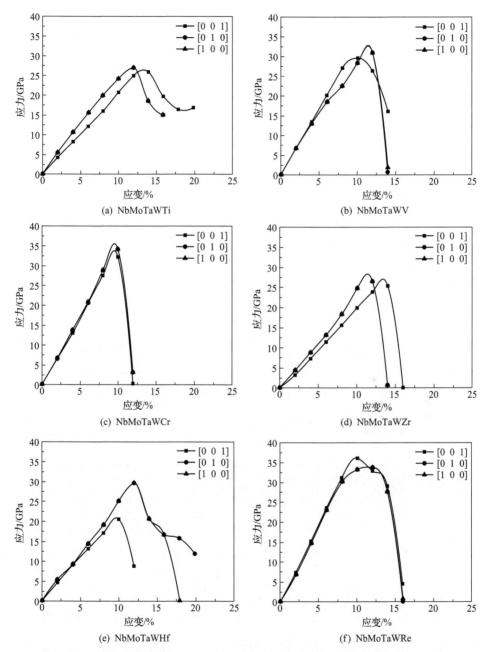

图 3.26　NbMoTaWX(X = Ti, V, Cr, Zr, Hf, Re)难熔高熵合金在[1 0 0]、[0 1 0]和
[0 0 1]方向的应力-应变曲线

表 3.7　NbMoTaWX(X = Ti, V, Cr, Zr, Hf, Re)难熔高熵合金在[1 0 0]、[0 1 0]和
[0 0 1]方向的最大应力与最大应变

合金	[1 0 0]		[0 1 0]		[0 0 1]	
	最大应力/GPa	最大应变/%	最大应力/GPa	最大应变/%	最大应力/GPa	最大应变/%
NbMoTaWTi	27.48	12	27.45	12	26.43	14
NbMoTaWV	30.86	12	30.83	12	29.48	10
NbMoTaWCr	34.88	10	34.86	10	32.83	10
NbMoTaWZr	26.71	12	26.71	12	25.50	14
NbMoTaWHf	30.20	12	30.19	12	20.86	10
NbMoTaWRe	33.99	12	33.90	12	36.29	10

综上所述，NbMoTaWX 难熔高熵合金在室温下表现出优异的压缩力学性能，其中 NbMoTaWRe 难熔高熵合金的理论压缩强度最大。除 NbMoTaWRe 难熔高熵合金外，其余难熔高熵合金都在[1 0 0]方向表现出最大的理想压缩强度，最大值可达 34.88GPa。

3.4.2　微观组织结构及成分分析

图 3.27 为 NbMoTaWX(X = Ti, V, Cr, Zr, Hf, Re)难熔高熵合金的 SEM 图。可以看出，铸态 NbMoTaWX 难熔高熵合金为典型的枝晶和树枝晶形貌，枝晶臂与枝晶间组织具有明显的衬度。铸态 NbMoTaWTi 难熔高熵合金的枝晶形状和尺寸均匀，晶粒尺寸为 80～120μm；铸态 NbMoTaWV 难熔高熵合金的枝晶形状和尺

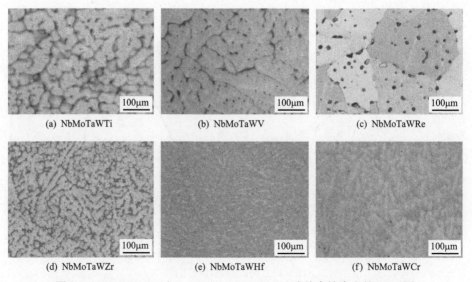

(a) NbMoTaWTi　　　　　　(b) NbMoTaWV　　　　　　(c) NbMoTaWRe

(d) NbMoTaWZr　　　　　　(e) NbMoTaWHf　　　　　　(f) NbMoTaWCr

图 3.27　NbMoTaWX(X = Ti, V, Cr, Zr, Hf, Re)难熔高熵合金的 SEM 图

寸差别较大，分布杂乱无章，晶粒较为粗大；铸态 NbMoTaWRe 难熔高熵合金为等轴晶形貌，晶粒尺寸为 100~300μm，在枝晶臂和枝晶间有其他相析出(图中黑点所示)，但在 XRD 图谱中只有 BCC 相；铸态 NbMoTaWZr 难熔高熵合金为等轴晶形貌，分布较为均匀，晶粒较小，尺寸为 50~150μm；铸态 NbMoTaWCr 和 NbMoTaWHf 难熔高熵合金为针状枝晶形貌，由于组元的原子序数相近，化学物理性质接近，在背散射下进行 SEM 观察时不同的组织表现的衬度不明显，因此没有观察到明显的晶界。

图 3.28 为 NbMoTaWX(X = Ti, V, Cr, Zr, Hf) 难熔高熵合金的 EDS 面扫描图。表 3.8 为铸态 NbMoTaWX(X=Ti, V, Cr, Zr, Hf) 难熔高熵合金的 EDS 结果。NbMoTaWTi 难熔高熵合金成分偏析严重，组元 Nb、Mo 和 Ti 倾向于偏聚在枝晶间区域，组元 Ta 和 W 倾向于偏聚在枝晶臂区域。这是因为 Ta 和 W 的熔点相对更高，在合金熔炼过程中，Ta 和 W 元素率先凝固成枝晶臂。NbMoTaWV 难熔高熵合金在枝晶间区域易富集 Nb 和 V 元素，在枝晶臂区域易富集 Ta 和 W 元素，Mo 元素相对均匀地分布在合金组织中，但是含量相比其他组元较少。NbMoTaWZr 难熔高熵合金枝晶无序生长，相对其他合金具有较细的组织，合金组织中存在明显的成分偏析现象，其中，组元 Nb 和 Zr 偏析在枝晶间区域，组元 Ta 和 W 偏析在枝晶臂区域，同样地，组元 Mo 在合金组织中均匀分布且含量相对较少，Zr 元素在枝晶间区域的含量接近一半，在枝晶臂区域的含量非常少。NbMoTaWCr 难熔高熵合金成分分布较为均匀，较细的针状枝晶无序生长，但是 Cr 元素在枝晶臂和枝晶间的含量都不超过 5%，远低于其他元素，这可能是由于五种组元在元素周期表上相接近，具有相似的物理化学性质，导致合金枝晶臂和枝晶间区域组织在 SEM 图中衬度不明显，能谱分析结果中含量相对较少。NbMoTaWHf 难熔高熵合金由较细的针状组织形成，其中组元 Nb、Ta 和 Mo 相对均匀地分布在枝晶臂和枝晶间区域，而枝晶臂区域富集 W 元素，枝晶间区域富集 Hf 元素，同样地，Mo 元素在合金组织中的含量较少，而 Hf 元素在枝晶间区域的含量接近一半。上述 EDS 结果分析与面扫描结果是相吻合的，与设计的合金名义成分不同，这是因为电弧熔炼工艺制备得到的铸锭都普遍存在成分偏析。

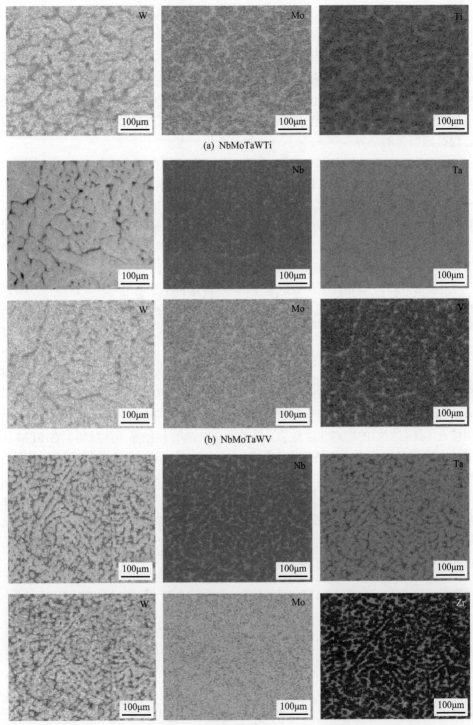

(a) NbMoTaWTi

(b) NbMoTaWV

(c) NbMoTaWZr

(d) NbMoTaWCr

(e) NbMoTaWHf

图 3.28　NbMoTaWX(X = Ti, V, Cr, Zr, Hf)难熔高熵合金的 EDS 面扫描图

表 3.8　铸态 NbMoTaWX(X = Ti, V, Cr, Zr, Hf)难熔高熵合金的 EDS 结果

合金	区域	Nb/%	Mo/%	Ta/%	W/%	X/%
NbMoTaW	枝晶臂	12.52	9.98	32.97	44.53	—
	枝晶间	25.99	18.02	32.38	23.62	—
NbMoTaWTi	枝晶臂	20.64	8.34	31.08	34.69	5.26
	枝晶间	27.34	11.25	23.68	17.35	20.38

续表

合金	区域	Nb/%	Mo/%	Ta/%	W/%	X/%
NbMoTaWV	枝晶臂	22.51	8.08	30.24	32.86	6.31
	枝晶间	30.7	9.69	25.4	13.28	20.93
NbMoTaWCr	枝晶臂	22.31	7.23	31.15	38.74	0.58
	枝晶间	28.77	10.21	31.57	27.06	2.38
NbMoTaWZr	枝晶臂	29.71	6.59	30.6	29.71	7.77
	枝晶间	23.67	4.55	13.68	8.12	49.97
NbMoTaWHf	枝晶臂	19.54	7.12	27.92	30.71	14.71
	枝晶间	20.73	6.33	14.53	12.09	46.31

3.4.3　力学性能分析

前面基于密度泛函理论研究了合金化元素 Ti、V、Cr、Zr、Hf、Re 对 NbMoTaW 难熔高熵合金力学性能的强化效果和机理，理论结果表明，合金化有助于提升该合金的强度和塑性。为了验证上述结果，本节使用电弧熔炼制备 Ti、V、Cr、Zr、Hf、Re 合金化 NbMoTaW 难熔高熵合金，测试铸态合金的压缩力学性能。这里主要是通过压缩力学性能测试结果来衡量合金化元素对 NbMoTaW 难熔高熵合金的强化效果，因此主要关注和比较合金化后的相对强度和相对塑性。图 3.29 为 NbMoTaWX(X = Ti, V, Cr, Zr, Hf)难熔高熵合金室温压缩工程应力-应变曲线。可以看出，Ti、V 和 Zr 元素能够显著地提高 NbMoTaW 难熔高熵合金的强度和塑性，其他合金化元素仅仅是稍微提高了合金的屈服强度。表 3.9 为 NbMoTaWX(X = Ti, V, Cr, Zr, Hf, Re)难熔高熵合金的室温压缩力学性能。测试的 NbMoTaW 难熔高熵合金的屈服强度和抗压强度分别为 1158MPa 和 1194MPa，其断裂应变为 7.7%。NbMoTaWTi 难熔高熵合金的屈服强度、抗压强度和塑性应变分别为 1496MPa、1655MPa 和 14.7%，Han 等[17]测得的屈服强度、抗压强度和塑性应变分别为 1343MPa、2005MPa 和 14.1%，两者具有很好的一致性。NbMoTaWV 难熔高熵合金的屈服强度、抗压强度和塑性应变分别为 1460MPa、1520MPa 和 8.8%，NbMoTaWZr 难熔高熵合金的屈服强度、抗压强度和塑性应变分别为 1480MPa、1822MPa 和 15.9%。Zhang 等[26]测试了 NbMoTaWRe 难熔高熵合金的压缩力学性能，试验结果表明，Re 合金化能够显著提升合金的塑性，微幅提升合金的强度。然而，综合压缩工程应力-应变曲线和压缩力学性能可以看出，Cr 和 Hf 合金化对 NbMoTaW 难熔高熵合金的强度和塑性提升效果并不明显，其抗压强度约为 1200MPa，在压缩测试过程中，材料刚开始屈服时便被压断，说明 Cr 和 Hf 没有强化 NbMoTaW 难熔高熵合金的效果，但也不会弱化该合金。对于以上试验结果，Ti、V、Zr 和 Re 合金化有利于强化 NbMoTaW 难熔高熵合金，Cr 和 Hf 的强化效果不明显，这与前面基于密度泛函理论的计算结果具有很好的吻合性。

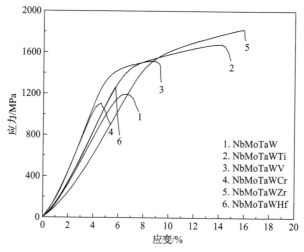

图 3.29　NbMoTaWX（X = Ti, V, Cr, Zr, Hf）难熔高熵合金室温压缩工程应力-应变曲线

表 3.9　NbMoTaWX（X = Ti, V, Cr, Zr, Hf, Re）难熔高熵合金的室温压缩力学性能

合金	屈服强度 $\sigma_{0.2}$/MPa	抗压强度 σ_b/MPa	断裂应变 ε_f/%
NbMoTaW	1158	1194	7.7
NbMoTaWTi	1469	1655	14.7
NbMoTaWV	1460	1520	8.8
NbMoTaWCr	1056	1104	4.6
NbMoTaWZr	1480	1822	15.9
NbMoTaWHf	1252	1252	5.7
NbMoTaWRe	1062	1147	4.2

图 3.30 为 NbMoTaWX（X = Ti, V, Cr, Zr, Hf）难熔高熵合金的试验硬度。表 3.10 为 NbMoTaWX（X = Ti, V, Cr, Zr, Hf, Re）难熔高熵合金的理论硬度与试验硬度对比。可以看出，不同合金元素对 NbMoTaW 难熔高熵合金硬度的影响效果不太明显，硬度分布在 500～700HV，其中 NbMoTaW、NbMoTaWCr 和 NbMoTaWHf 难熔高熵合金的硬度偏高，NbMoTaWTi、NbMoTaWV 和 NbMoTaWZr 难熔高熵合金的硬度偏低。对比图 3.25 和图 3.30 可以看出，预测的不同合金化元素对 NbMoTaW 难熔高熵合金硬度的影响规律和试验结果是相同的。从表 3.10 可以看出，预测的硬度值和试验测得的硬度很吻合，表明所采用的计算方法预测难熔高熵合金的硬度是可行的。此外，预测的 NbMoTaWTi 难熔高熵合金的硬度（456HV）与试验值（498HV）相一致，预测的 NbMoTaW 难熔高熵合金的硬度（635HV）与试验值（630HV）相一致。

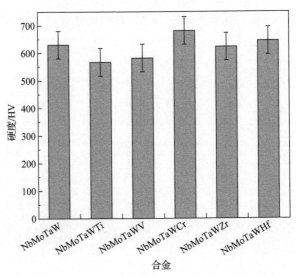

图 3.30　NbMoTaWX(X = Ti, V, Cr, Zr, Hf) 难熔高熵合金的试验硬度

表 3.10　NbMoTaWX(X = Ti, V, Cr, Zr, Hf, Re) 难熔高熵合金的理论硬度与试验硬度对比

合金	理论硬度/HV	试验硬度/HV
NbMoTaW	635	630
NbMoTaWTi	456	567
NbMoTaWV	521	582
NbMoTaWCr	548	681
NbMoTaWZr	416	623
NbMoTaWHf	512	645
NbMoTaWRe	530	—

3.5　$(NbTaW)_{100-x}Mo_x$ 和 $(NbTaMo)_{100-x}W_x$ 难熔高熵合金计算与验证

3.5.1　第一性原理研究

为了保持 NbMoTaW 难熔高熵合金在高温应用领域的耐热性，在进行合金强化设计时，要保持基体合金的高熔点。另外，低熔点元素易降低合金整体熔点从而降低材料的耐热性，低熔点元素也不宜引入，即在保证合金耐热性的基础上提高其强度和塑性。在组元 Nb、Mo、Ta 和 W 中，Mo 和 W 元素的塑性较差，过量 Mo 元素会导致合金的脆化，Mo 和 W 含量对 NbMoTaW 难熔高熵合金的力学

性能有着重要影响。通常，优化合金成分是对高熵合金和传统合金进行强化的一种有效而常用的方法。例如，Chen 等[34]使用价电子浓度指导高熵合金的成分设计来平衡其强度和塑性。Duan 等[35]通过调整 FeCoNiAlCr$_x$ 合金的成分优化了其电子性能。然而，调整 Mo 和 W 含量来提升 NbMoTaW 难熔高熵合金的力学性能有待研究。

1. 计算细节

(NbTaW)$_{100-x}$Mo$_x$ 和 (NbTaMo)$_{100-x}$W$_x$ 难熔高熵合金的第一性原理计算基于密度泛函理论，使用 MS 软件中的 CASTEP 模块和 Reflex 模块来完成。图 3.31 为采用虚拟晶体近似(virtual crystal approximation，VCA)方法建立的不同结构合金模型。(NbTaW)$_{100-x}$Mo$_x$ 和 (NbTaMo)$_{100-x}$W$_x$ 难熔高熵合金的截断能 E_{cut} 设置为 300～500eV，使用 MS 软件的粉末衍射模块计算它们的理论 XRD 图谱，扫描角度选择 $2\theta = 20°～90°$，扫描速度选择 5°/min，衍射类型选择 X-ray 等。

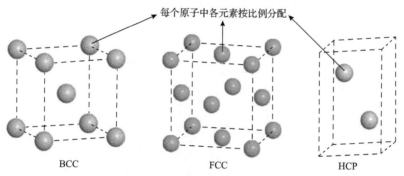

每个原子中各元素按比例分配

BCC　　　　　　　FCC　　　　　　　HCP

图 3.31　采用 VCA 方法建立的不同结构合金模型

为了验证所选参数、计算方法和计算模型的合理性，基于上述模拟方法计算了 NbMoTaW 难熔高熵合金的晶格常数和密度，分别为 3.195Å 和 14.099g/cm^3。

2. (NbTaW)$_{100-x}$Mo$_x$ 和 (NbTaMo)$_{100-x}$W$_x$ 难熔高熵合金的相结构

1) XRD 图谱

图 3.32 为 (NbTaW)$_{100-x}$Mo$_x$ 和 (NbTaMo)$_{100-x}$W$_x$ 难熔高熵合金的试验与理论 XRD 图谱。从图 3.2(a)可以看出，在衍射角度 20°～90°范围内，改变 Mo 含量不会改变 (NbTaW)$_{100-x}$Mo$_x$ 难熔高熵合金的相结构类型，仍然为单 BCC 相固溶体结构。理论计算结果表明，随着 Mo 含量的增加，合金(1　1　0)晶面的峰位向高衍射角方向偏移，说明降低 NbMoTaW 难熔高熵合金中的 Mo 含量会使其晶格常数增大。相比 SQS 方法，VCA 方法更加适合 NbMoTaW 难熔高熵合金体系，得到的 XRD 图谱和预测效果更加吻合。试验结果表明，合金全部为单 BCC 相固溶体

结构，而且随着 Mo 含量的增加，峰位向右移动，说明 Mo 含量的增加会减小该合金的晶格常数，与预测结果非常一致。这是由于四种主元中，Mo 元素具有较小的原子半径，其含量减少，其他具有大原子半径的主元含量会增加，因而导致晶格常数增大。

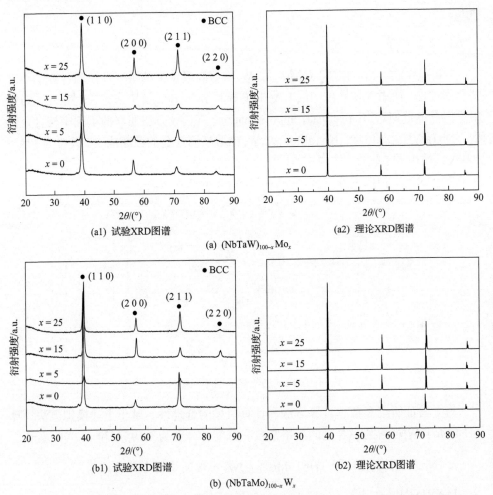

(a1) 试验XRD图谱　　　　　　　　　(a2) 理论XRD图谱

(a) $(NbTaW)_{100-x}Mo_x$

(b1) 试验XRD图谱　　　　　　　　　(b2) 理论XRD图谱

(b) $(NbTaMo)_{100-x}W_x$

图 3.32　$(NbTaW)_{100-x}Mo_x$ 和 $(NbTaMo)_{100-x}W_x$ 难熔高熵合金的试验与理论 XRD 图谱

从图 3.32(b)可以看出，在衍射角度 20°～90°范围内，改变 W 含量不会改变 $(NbTaMo)_{100-x}W_x$ 难熔高熵合金的相结构，仍然为单 BCC 相固溶体结构。理论计算结果表明，随着 W 含量的增加，合金(1　1　0)晶面的峰位向高衍射角方向偏移，说明降低 NbMoTaW 难熔高熵合金中的 W 含量会使其晶格常数增大。相比 SQS 方法，VCA 方法更加适用于 NbMoTaW 难熔高熵合金体系，得到的 XRD 图谱曲线和预测效果更加吻合。试验结果表明，合金全部为单 BCC 相固溶体结构，而且随着 W 含量的增加，峰位向右移动，说明 W 含量的增加会减小该合金的晶格常数，与预测结果非常一致。这是由于四种主元中，W 元素具有较小的原子半径，W 含量减少，其他具有大原子半径的主元含量会增加，因而晶格常数增大。

2) 经验参数

平均价电子浓度 VEC、原子尺寸差 δ 以及电负性差 Δx 等经验参数常用来表征 $(NbTaW)_{100-x}Mo_x$ 和 $(NbTaMo)_{100-x}W_x$ 难熔高熵合金的相结构，其中 Δx 计算公式为

$$\Delta x = \sqrt{\sum_{i=1}^{n} c_i (x_i - \overline{x})^2} , \quad \overline{x} = \sum_{i=1}^{n} c_i x_i , \quad i = \text{Nb, Mo, Ta, W} \qquad (3.14)$$

式中，c_i 和 x_i 分别为第 i 个组元的原子比和 Pauling 电负性；Δx 为电负性差；$\overline{x}$ 为 Pauling 平均电负性。

电负性是指原子得失电子能力的强弱，元素的电负性越大，其电子吸引力越强，元素的非金属性越强，否则，延展性和金属性越强，因此 Δx 也可用来判断组元的塑性。在四种组元中，Mo、W、Nb、Ta 元素的电负性差分别为 2.16、2.36、1.6 和 1.5，Mo 和 W 元素具有较大的电负性，说明 Mo 和 W 元素相对于 Nb 和 Ta 元素而言是脆性元素，这也是选择改变 Mo 和 W 含量研究 NbMoTaW 难熔高熵合金力学性能的原因之一。

图 3.33 为 $(NbTaW)_{100-x}Mo_x$ 难熔高熵合金的价电子浓度 VEC、原子尺寸差 δ 和电负性差 Δx。对于 $(NbTaW)_{100-x}Mo_x$ 难熔高熵合金，计算的平均价电子浓度都小于 6.87，说明系列合金为单 BCC 相固溶体结构，Mo 含量变化对合金的平均价电子浓度影响不大。随着 Mo 含量的增加，合金的原子尺寸差逐渐增大，但都小于 6.6%，说明合金为单 BCC 相固溶体结构，与平均价电子浓度的判定结果一致。另外，随着 Mo 含量的增加，$(NbTaW)_{100-x}Mo_x$ 难熔高熵合金的电负性差值变化不大，不足以表明该系列合金的塑性。

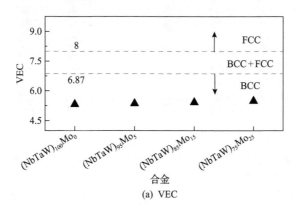

(a) VEC

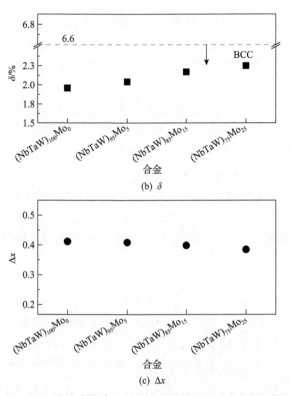

图 3.33 (NbTaW)$_{100-x}$Mo$_x$ 难熔高熵合金的价电子浓度 VEC、原子尺寸差 δ 和电负性差Δx

3) 结合能

图 3.34 为 (NbTaW)$_{100-x}$Mo$_x$ 和 (NbTaMo)$_{100-x}$W$_x$ 难熔高熵合金的结合能。可以

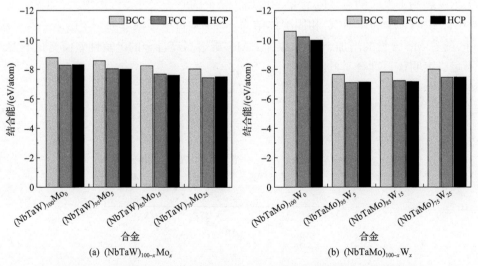

图 3.34 (NbTaW)$_{100-x}$Mo$_x$ 和 (NbTaMo)$_{100-x}$W$_x$ 难熔高熵合金的结合能

看出，随着 Mo 和 W 含量的改变，$(NbTaW)_{100-x}Mo_x$ 和 $(NbTaMo)_{100-x}W_x$ 难熔高熵合金常温下仍为单 BCC 相固溶体结构，与上述试验和理论 XRD 结果、经验参数预测结果相吻合。综合上述结果，$(NbTaW)_{100-x}Mo_x$ 和 $(NbTaMo)_{100-x}W_x$ 两种系列难熔高熵合金确定为单 BCC 相固溶体结构，并且基于此结构来计算后续的弹性性质。

3. $(NbTaW)_{100-x}Mo_x$ 和 $(NbTaMo)_{100-x}W_x$ 难熔高熵合金的晶格常数与密度

晶格常数作为晶体材料的基本结构参数之一，能够间接反映原子间的相互作用和晶格畸变程度，密度与晶格常数有着密切联系。图 3.35 为 $(NbTaW)_{100-x}Mo_x$ 和 $(NbTaMo)_{100-x}W_x$ 难熔高熵合金的晶格常数与密度。从图 3.35(a) 可以看出，随着 Mo 含量增加，$(NbTaW)_{100-x}Mo_x$ 难熔高熵合金的晶格常数和密度均降低；从图 3.35(b) 可以看出，随着 W 含量增加，$(NbTaMo)_{100-x}W_x$ 难熔高熵合金的晶格常数减小，密度增加，两者变化相反，这与经验混合法则判定结果是相同的，说明采用 VCA 方法预测由邻近元素组成的难熔高熵合金体系的晶格常数和密度是可行的。

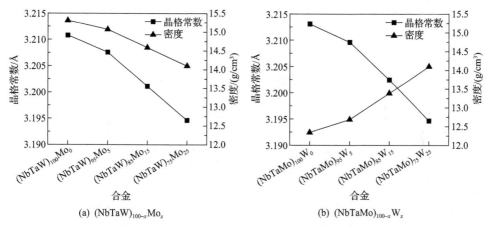

(a) $(NbTaW)_{100-x}Mo_x$　　　　　　　(b) $(NbTaMo)_{100-x}W_x$

图 3.35　$(NbTaW)_{100-x}Mo_x$ 和 $(NbTaMo)_{100-x}W_x$ 难熔高熵合金的晶格常数与密度

4. $(NbTaW)_{100-x}Mo_x$ 和 $(NbTaMo)_{100-x}W_x$ 难熔高熵合金的弹性性质

1) 弹性常数和弹性模量

采用 VCA 方法计算合金的弹性性质。对于体心立方晶格，采用应力-应变方法求解弹性常数，多晶弹性模量由弹性常数衍生而来，并采用 Voigt-Reuss-Hill 近似方法求解。通常，Voigt 法高估了弹性模量，Reuss 法低估了弹性模量，而 Hill 法是对 Voigt 法和 Reuss 法求平均值。

表 3.11 为 $(NbTaW)_{100-x}Mo_x$ 和 $(NbTaMo)_{100-x}W_x$ 难熔高熵合金的弹性常数（C_{11}、C_{12}、C_{44}）、多晶弹性模量（B、G、E）、柯西压力和各向异性因子（A_Z）。图 3.36

为 $(NbTaW)_{100-x}Mo_x$ 和 $(NbTaMo)_{100-x}W_x$ 难熔高熵合金的弹性性质。对于 $(NbTaW)_{100-x}Mo_x$ 难熔高熵合金，随着 Mo 含量增加，C_{12} 值基本不变，C_{11} 和 C_{44} 值先增大后趋于平缓。多晶弹性模量是由弹性常数衍生而来的，故体积模量 B 和 C_{12} 的变化趋势一致，剪切模量 G 和 C_{44} 的变化趋势一致，杨氏模量 E 和 C_{11} 的变化趋势一致。B、G 和 E 反映了材料的不可压缩性、抵抗剪切变形能力和材料弹性变形的困难程度，计算的 B 值基本不变，说明 Mo 含量变化对合金体系的压缩性能影响不大；G 值随 Mo 含量的增加而增大，说明合金抵抗剪切变形的能力增强；E 值随 Mo 含量的增加而增大，说明合金的刚度增强。G 值和 E 值变化均表明合金塑性有所增强，其中，NbTaW 合金的 G 和 E 最小，相比四元合金，其抵抗剪切变形的能力和刚度最弱，塑性最强。对于 $(NbTaMo)_{100-x}W_x$ 难熔高熵合金，随着 W 含量增加，C_{12} 值基本不变，C_{11} 和 C_{44} 值增大。B 和 C_{12} 的变化趋势一致，说明 W 含量变化对合金体系的压缩性能影响不大；G 和 C_{44} 的变化趋势一致，随 W 的含量增加而增大，说明合金抵抗剪切变形的能力增强；E 和 C_{11} 的变化趋势一致，随 W 含量的增加而增大，说明合金的刚度增强。G 值和 E 值变化均表明合金塑性有所增强，其中，NbTaMo 合金的 G 和 E 最小，相比四元合金，其抵抗剪切变形的能力和刚度最弱，塑性最强。

表 3.11　$(NbTaW)_{100-x}Mo_x$ 和 $(NbTaMo)_{100-x}W_x$ 难熔高熵合金的弹性常数、多晶弹性模量、柯西压力和各向异性因子

合金	C_{11}/GPa	C_{12}/GPa	C_{44}/GPa	B/GPa	G_V/GPa	G_R/GPa	G/GPa	E/GPa	B/G	ν	$C_{12}-C_{44}$/GPa	A_Z
$(NbTaW)_{100}Mo_0$	405	157	58	240	84	73	79	213	3.04	0.352	99	0.380
$(NbTaW)_{95}Mo_5$	410	158	70	242	92	85	89	237	2.72	0.337	88	0.329
$(NbTaW)_{85}Mo_{15}$	429	155	83	246	105	98	102	268	2.41	0.319	72	0.312
$(NbTaW)_{75}Mo_{25}$	425	158	86	247	105	100	102	270	2.42	0.318	72	0.280
$(NbTaMo)_{100}W_0$	387	146	56	227	82	71	77	206	2.95	0.348	90	0.390
$(NbTaMo)_{95}W_5$	395	150	64	232	87	79	83	223	2.80	0.340	86	0.353
$(NbTaMo)_{85}W_{15}$	422	150	73	241	98	89	94	249	2.56	0.328	77	0.338
$(NbTaMo)_{75}W_{25}$	425	158	86	247	105	100	102	270	2.42	0.318	72	0.280

2）力学稳定性

使用 Born 准则式(3.11)来预测难熔高熵合金的力学结构稳定性。经计算，所有的 $(NbTaW)_{100-x}Mo_x$ 和 $(NbTaMo)_{100-x}W_x$ 难熔高熵合金的弹性常数(C_{11}、C_{12}、C_{44})满足 Born 准则条件，表明合金的平衡结构是力学稳定的。

3）Pugh 比率(B/G)、泊松比(ν)和柯西压力值($C_{12}-C_{44}$)

图 3.37 为 $(NbTaW)_{100-x}Mo_x$ 和 $(NbTaMo)_{100-x}W_x$ 难熔高熵合金的 B/G 和 ν。可以看出，随着 W 含量的增加，B/G 和 ν 降低，说明减少脆性元素 W 的含量可以提

升合金的塑性,与 B/G 和 ν 的预测结果相吻合。由表 3.11 可知,所有合金的柯西压力值(C_{12}–C_{44})均大于 0,说明合金体系中有金属键形成,合金具有内在塑性。相比四元合金,三元 NbTaMo 合金拥有更好的塑性。

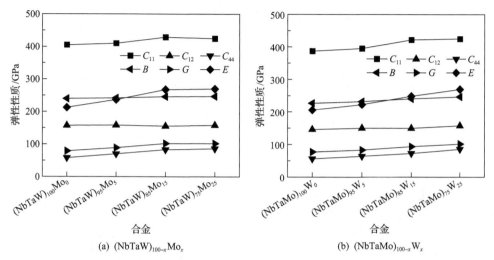

图 3.36　(NbTaW)$_{100-x}$Mo$_x$ 和 (NbTaMo)$_{100-x}$W$_x$ 难熔高熵合金的弹性性质

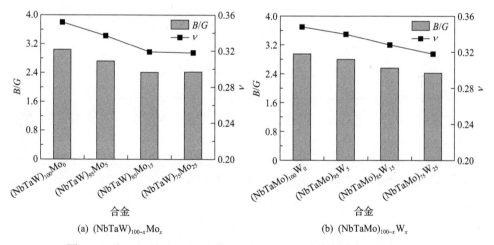

图 3.37　(NbTaW)$_{100-x}$Mo$_x$ 和 (NbTaMo)$_{100-x}$W$_x$ 难熔高熵合金的 B/G 和 ν

3.5.2　微观组织结构及成分分析

图 3.38 为铸态 (NbTaW)$_{100-x}$Mo$_x$ 难熔高熵合金的 SEM 背散射图像。由图可知,合金由枝晶组成,枝晶的平均尺寸相对均匀,随着 Mo 含量的增加,合金体系的晶粒尺寸先增大后减小,(NbTaW)$_{85}$Mo$_{15}$ 难熔高熵合金的晶粒尺寸最大,(NbTaW)$_{100}$Mo$_0$ 难熔高熵合金的晶粒尺寸最小。根据晶界强化理论和 Hall-Petch

理论，晶粒尺寸最小的三元 NbTaW 合金的强度和塑性会优于其他合金。

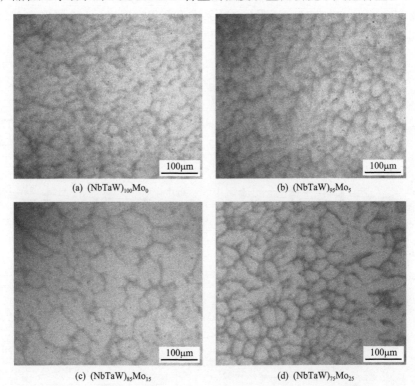

图 3.38　铸态(NbTaW)$_{100-x}$Mo$_x$难熔高熵合金的 SEM 背散射图像

表 3.12 为铸态(NbTaW)$_{100-x}$Mo$_x$难熔高熵合金的 EDS 结果。可以看出，这些合金中存在严重的元素偏析，其中，Ta 元素均匀地分布在枝晶臂和枝晶间区域；Nb 和 Mo 元素倾向于聚集在枝晶间区域，在枝晶臂区域缺乏；相比枝晶间区域，W 元素倾向于富集在枝晶臂区域。图 3.39 为铸态(NbTaW)$_{100-x}$Mo$_x$难熔高熵合金的 EDS 面扫描图。可以看出，随着 Mo 含量的增加，Nb、Mo 和 W 元素的偏析现象更加严重。

表 3.12　铸态(NbTaW)$_{100-x}$Mo$_x$难熔高熵合金的 EDS 结果

合金	区域	Nb/%	Ta/%	W/%	Mo/%
(NbTaW)$_{100}$Mo$_0$	枝晶臂	9.84	39.86	50.30	—
	枝晶间	22.94	44.02	33.04	—
(NbTaW)$_{95}$Mo$_5$	枝晶臂	9.80	37.19	50.63	2.39
	枝晶间	23.71	41.77	29.70	4.82
(NbTaW)$_{85}$Mo$_{15}$	枝晶臂	9.92	35.96	47.23	6.89
	枝晶间	21.31	39.45	27.96	11.28

续表

合金	区域	Nb/%	Ta/%	W/%	Mo/%
(NbTaW)₇₅Mo₂₅	枝晶臂	12.52	32.97	44.53	9.98
	枝晶间	25.99	32.38	23.62	18.02

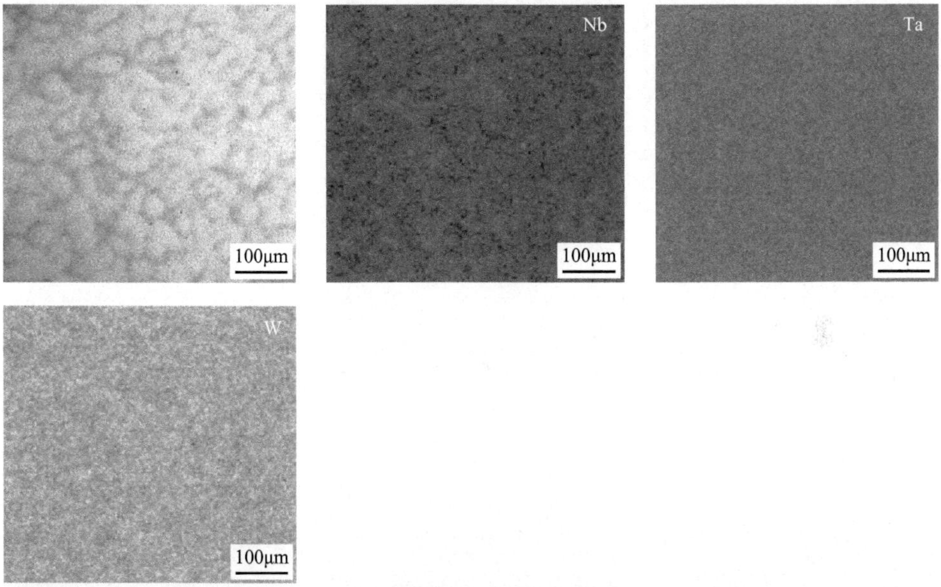

(a) (NbTaW)₁₀₀Mo₀

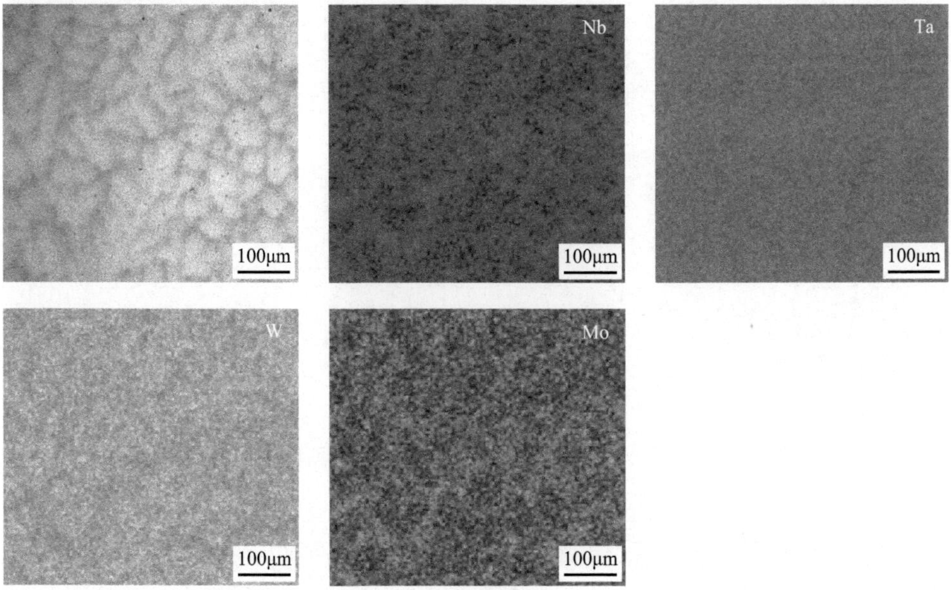

(b) (NbTaW)₉₅Mo₅

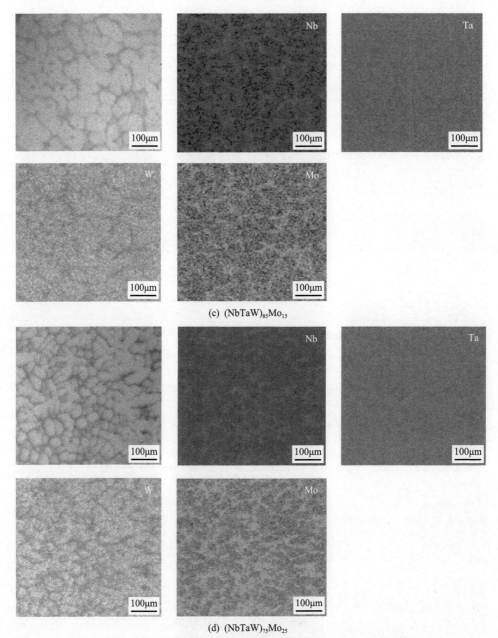

(c) (NbTaW)₈₅Mo₁₅

(d) (NbTaW)₇₅Mo₂₅

图 3.39 铸态$(NbTaW)_{100-x}Mo_x$难熔高熵合金的 EDS 面扫描图

图 3.40 为铸态$(NbTaMo)_{100-x}W_x$难熔高熵合金的 SEM 背散射图像。可以看出，合金为典型的枝晶形貌，晶粒粗大，平均尺寸为 100～200μm，在晶粒内部观察到针状组织。随着 W 含量的增加，晶粒尺寸先增大$(x < 5$时)后减小$(x > 5)$。

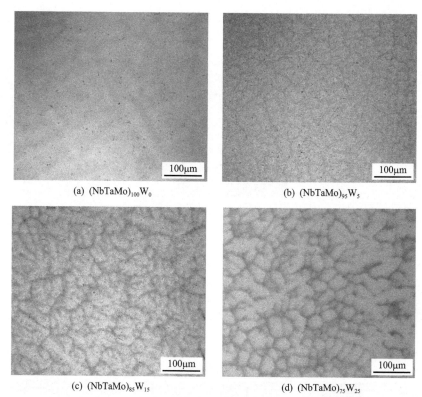

(a) $(NbTaMo)_{100}W_0$　　　　　　　(b) $(NbTaMo)_{95}W_5$

(c) $(NbTaMo)_{85}W_{15}$　　　　　　(d) $(NbTaMo)_{75}W_{25}$

图 3.40　铸态 $(NbTaMo)_{100-x}W_x$ 难熔高熵合金的 SEM 背散射图像

表 3.13 为铸态 $(NbTaMo)_{100-x}W_x$ 难熔高熵合金的 EDS 结果。可以看出，Nb 和 Mo 元素偏聚在枝晶间区域，W 元素偏聚在枝晶臂区域，Ta 元素则均匀分布在组织中，这可能是 W 元素具有相对较高的熔点，因此优先于其他组元凝固形成枝晶臂。图 3.41 为 $(NbTaMo)_{100-x}W_x$ 难熔高熵合金的 EDS 面扫描图。可以看出，随着 W 含量增加，Nb、Mo 和 W 元素的偏析现象更加严重。

表 3.13　铸态 $(NbTaMo)_{100-x}W_x$ 难熔高熵合金的 EDS 结果

合金	区域	Nb/%	Ta/%	Mo/%	W/%
$(NbTaMo)_{100}W_0$	枝晶臂	27.71	53.89	18.40	—
	枝晶间	30.82	49.69	19.49	—
$(NbTaMo)_{95}W_5$	枝晶臂	23.59	49.94	15.79	10.68
	枝晶间	27.87	47.15	17.43	7.54
$(NbTaMo)_{85}W_{15}$	枝晶臂	19.66	39.95	11.80	28.59
	枝晶间	30.4	38.66	15.96	15.35
$(NbTaMo)_{75}W_{25}$	枝晶臂	12.52	32.97	44.53	9.98
	枝晶间	25.99	32.38	23.62	18.02

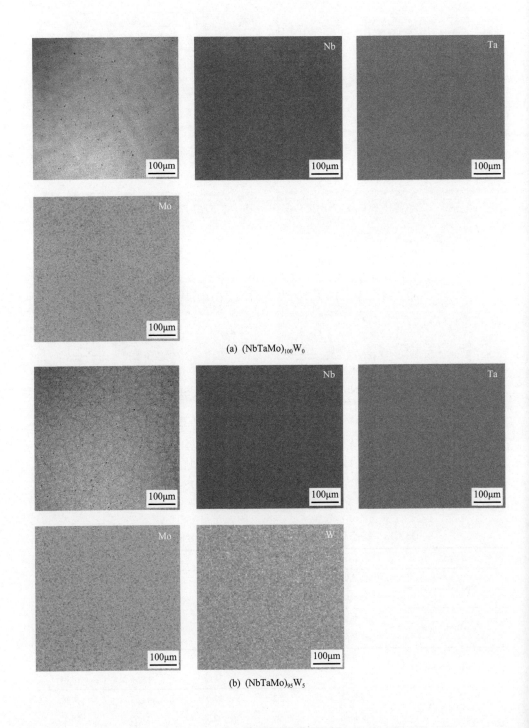

(a) (NbTaMo)$_{100}$W$_0$

(b) (NbTaMo)$_{95}$W$_5$

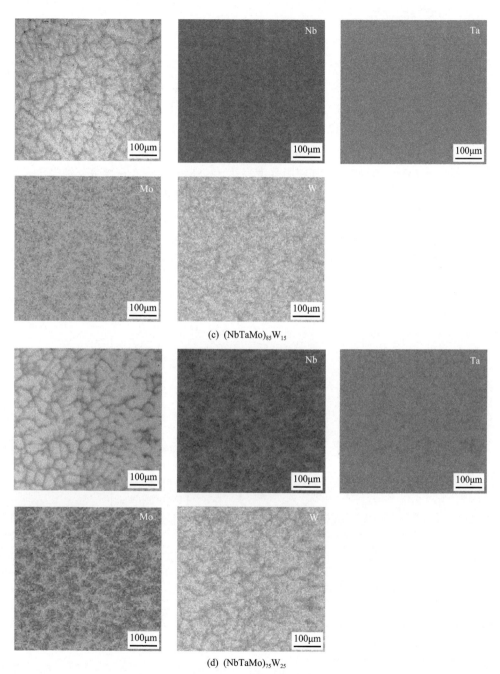

(c) (NbTaMo)$_{85}$W$_{15}$

(d) (NbTaMo)$_{75}$W$_{25}$

图 3.41　(NbTaMo)$_{100-x}$W$_x$ 难熔高熵合金的 EDS 面扫描图

3.5.3　力学性能分析

采用电弧熔炼制备$(NbTaW)_{100-x}Mo_x$ 和 $(NbTaMo)_{100-x}W_x$ 难熔高熵合金，并对铸态合金进行试样切割和室温压缩力学性能测试。图 3.42 为 $(NbTaW)_{100-x}Mo_x$ 难熔高熵合金的室温压缩工程应力-应变曲线。表 3.14 为 $(NbTaW)_{100-x}Mo_x$ 难熔高熵合金的室温压缩性能。可以看出，脆性 Mo 元素会弱化 NbMoTaW 难熔高熵合金体系的压缩力学性能，随着 Mo 含量增加，合金的强度和塑性降低，其中，完全不含 Mo 元素的三元 NbTaW 合金具有最好的力学性能，其抗压强度和断裂应变分别达到 1460MPa 和 16.2%，其屈服强度高达 1298MPa。当 Mo 含量分别为 5%、15%、25%时，强化效果不明显，仅稍微优于 NbMoTaW 难熔高熵合金。因此，调整脆性 Mo 含量能够提升 NbMoTaW 难熔高熵合金的室温强度和塑性，这与基于 DFT 得出的合金强韧性随 Mo 含量增加而减弱的结果相符。相比四元合金，三元 NbTaW 合金具有显著的强化效果，归因于该合金产生的晶界强化以及固溶强化效应。

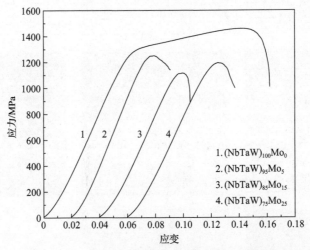

图 3.42　$(NbTaW)_{100-x}Mo_x$ 难熔高熵合金的室温压缩工程应力-应变曲线

表 3.14　$(NbTaW)_{100-x}Mo_x$ 难熔高熵合金的室温压缩性能

合金	屈服强度 $\sigma_{0.2}$/MPa	抗压强度 σ_b/MPa	峰值应变 ε_b/%	断裂应变 ε_f/%
$(NbTaW)_{100}Mo_0$	1298	1460	14.5	16.2
$(NbTaW)_{95}Mo_5$	1210	1252	5.8	8.3
$(NbTaW)_{85}Mo_{15}$	1092	1119	5.9	6.5
$(NbTaW)_{75}Mo_{25}$	1158	1194	6.6	7.7

图 3.43 为 $(NbTaW)_{100-x}Mo_x$ 难熔高熵合金的 SEM 二次电子图像。可以看出，该合金体系在压缩测试后都经历了一定程度的破碎，属于脆性断裂。从图 3.43(a)可以明显观察到准解理台阶和舌纹状标志，表明三元 NbTaW 合金的断裂行为为穿晶断裂。从图 3.43(b)和(c)可以看出，出现少量的沿晶界处产生的裂纹以及晶粒样式的台阶，说明随着 Mo 含量从 0 增加到 15%，合金的断裂行为由穿晶断裂演变为沿晶断裂和部分准解理断裂。当 Mo 含量增加到 25% 时，合金的断裂方式已经完全变为穿晶断裂(图 3.43(d))。$(NbTaW)_{100-x}Mo_x$ 难熔高熵合金的断裂形貌表明，随着 Mo 含量的增加，合金的强度和塑性降低，上述的工程压缩力学性能与 DFT 计算结果和显微组织形貌等相吻合。

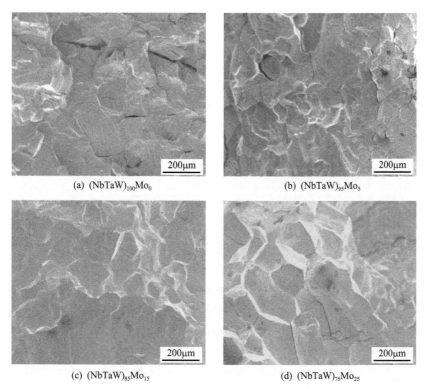

(a) $(NbTaW)_{100}Mo_0$　　　　　　　(b) $(NbTaW)_{95}Mo_5$

(c) $(NbTaW)_{85}Mo_{15}$　　　　　　　(d) $(NbTaW)_{75}Mo_{25}$

图 3.43　$(NbTaW)_{100-x}Mo_x$ 难熔高熵合金的 SEM 二次电子图像

图 3.44 为 $(NbTaW)_{100-x}Mo_x$ 和 $(NbTaMo)_{100-x}W_x$ 难熔高熵合金的试验硬度与理论硬度。可以看出，随着 Mo(W) 含量的增加，$(NbTaW)_{100-x}Mo_x$($(NbTaMo)_{100-x}W_x$)难熔高熵合金的硬度增大，理论值与试验值基本吻合。

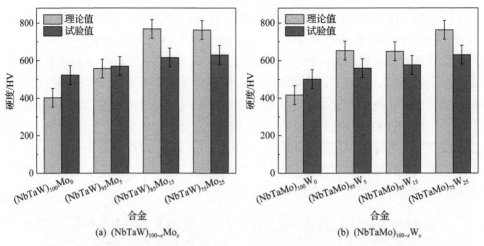

图 3.44　(NbTaW)$_{100-x}$Mo$_x$ 和 (NbTaMo)$_{100-x}$W$_x$ 难熔高熵合金的试验与理论硬度

参 考 文 献

[1] Wang Z W, Baker I. Interstitial strengthening of a f.c.c. FeNiMnAlCr high entropy alloy. Materials Letters, 2016, 180: 153-156.

[2] Lei Z F, Liu X J, Wu Y, et al. Enhanced strength and ductility in a high-entropy alloy via ordered oxygen complexes. Nature, 2018, 563: 546-550.

[3] Yao M J, Pradeep K G, Tasan C C, et al. A novel, single phase, non-equiatomic FeMnNiCoCr high-entropy alloy with exceptional phase stability and tensile ductility. Scripta Materialia, 2014, 72-73: 5-8.

[4] Shi P J, Zhong Y B, Li Y, et al. Multistage work hardening assisted by multi-type twinning in ultrafine-grained heterostructural eutectic high-entropy alloys. Materials Today, 2020, 41: 62-71.

[5] Zhang H, Pan Y, He Y Z. Grain refinement and boundary misorientation transition by annealing in the laser rapid solidified 6FeNiCoCrAlTiSi multicomponent ferrous alloy coating. Surface and Coatings Technology, 2011, 205(16): 4068-4072.

[6] Otto F, Dlouhý A, Somsen C, et al. The influences of temperature and microstructure on the tensile properties of a CoCrFeMnNi high-entropy alloy. Acta Materialia, 2013, 61(15): 5743-5755.

[7] Long Y, Liang X B, Su K, et al. A fine-grained NbMoTaWVCr refractory high-entropy alloy with ultra-high strength: Microstructuralevolution and mechanical properties. Journal of Alloys and Compounds, 2019, 780: 607-617.

[8] Wei Q Q, Shen Q, Zhang J, et al. Microstructure and mechanical property of a novel ReMoTaW high-entropy alloy with high density. International Journal of Refractory Metals and Hard

Materials, 2018, 77: 8-11.

[9] Liu X Q, Cheng H, Li Z J, et al. Microstructure and mechanical properties of FeCoCrNiMnTi$_{0.1}$C$_{0.1}$ high-entropy alloy produced by mechanical alloying and vacuum hot pressing sintering. Vacuum, 2019, 165: 297-304.

[10] Yeh J W, Chen S K, Lin S J, et al. Nanostructured high-entropy alloys with multiple principal elements: Novel alloy design concepts and outcomes. Advanced Engineering Materials, 2004, 6(5): 299-303.

[11] Cantor B, Chang I T H, Knight P, et al. Microstructural development in equiatomic multicomponent alloys. Materials Science and Engineering: A, 2004, 375-377: 213-218.

[12] Zhang Y, Zhou Y J. Solid solution formation criteria for high entropy alloys. Materials Science Forum, 2007, 561-565: 1337-1339.

[13] Senkov O N, Wilks G B, Scott J M, et al. Mechanical properties of Nb$_{25}$Mo$_{25}$Ta$_{25}$W$_{25}$ and V$_{20}$Nb$_{20}$Mo$_{20}$Ta$_{20}$W$_{20}$ refractory high entropy alloys. Intermetallics, 2011, 19(5): 698-706.

[14] Miracle D B, Senkov O N. A critical review of high entropy alloys and related concepts. Acta Materialia, 2017, 122: 448-511.

[15] Couziniê J P, Senkov O N, Miracle D B, et al. Comprehensive data compilation on the mechanical properties of refractory high-entropy alloys. Data in Brief, 2018, 21: 1622-1641.

[16] Gorsse S, Nguyen M H, Senkov O N, et al. Database on the mechanical properties of high entropy alloys and complex concentrated alloys. Data in Brief, 2018, 21: 2664-2678.

[17] Han Z D, Luan H W, Liu X, et al. Microstructures and mechanical properties of Ti$_x$NbMoTaW refractory high-entropy alloys. Materials Science and Engineering: A, 2018, 712: 380-385.

[18] Tong Y G, Bai L H, Liang X B, et al. Influence of alloying elements on mechanical and electronic properties of NbMoTaWX (X = Cr, Zr, V, Hf and Re) refractory high entropy alloys. Intermetallics, 2020, 126: 106928.

[19] Xin S W, Shen X, Du C C, et al. Bulk nanocrystalline boron-doped VNbMoTaW high entropy alloys with ultrahigh strength, hardness, and resistivity. Journal of Alloys and Compounds, 2021, 853: 155995.

[20] Guo Z M, Zhang A J, Han J S, et al. Effect of Si additions on microstructure and mechanical properties of refractory NbTaWMo high-entropy alloys. Journal of Materials Science, 2019, 54(7): 5844-5851.

[21] Wang W L, Hu L, Yang S J, et al. Liquid supercoolability and synthesis kinetics of quinary refractory high-entropy alloy. Scientific Reports, 2016, 6: 37191.

[22] Han Z D, Chen N, Zhao S F, et al. Effect of Ti additions on mechanical properties of NbMoTaW and VNbMoTaW refractory high entropy alloys. Intermetallics, 2017, 84: 153-157.

[23] Wan Y X, Mo J Y, Wang X, et al. Mechanical properties and phase stability of WTaMoNbTi

refractory high-entropy alloy at elevated temperatures. Acta Metallurgica Sinica(English Letters), 2021, 34(11): 1585-1590.

[24] Melnick A B, Soolshenko V K. Thermodynamic design of high-entropy refractory alloys. Journal of Alloys and Compounds, 2017, 694: 223-227.

[25] Wang Y T, Li J B, Xin Y C, et al. Hot deformation behavior and hardness of a CoCrFeMnNi high-entropy alloy with high content of carbon. Acta Metallurgica Sinica(English Letters), 2019, 32(8): 932-943.

[26] Zhang J, Hu Y Y, Wei Q Q, et al. Microstructure and mechanical properties of $Re_xNbMoTaW$ high-entropy alloys prepared by arc melting using metal powders. Journal of Alloys and Compounds, 2020, 827: 154301.

[27] Wei Q Q, Shen Q, Zhang J, et al. Microstructure evolution, mechanical properties and strengthening mechanism of refractory high-entropy alloy matrix composites with addition of TaC. Journal of Alloys and Compounds, 2019, 777: 1168-1175.

[28] Wan Y X, Wang Q Q, Mo J Y, et al. WReTaMo refractory high-entropy alloy with high strength at 1600°C. Advanced Engineering Materials, 2021, 24(2): 2100765.

[29] Wan Y X, Wang X, Zhang Z B, et al. Structures and properties of the $(NbMoTaW)_{100-x}C_x$ high-entropy composites. Journal of Alloys and Compounds, 2021, 889: 161645.

[30] Ye B L, Wen T Q, Nguyen M C, et al. First-principles study, fabrication and characterization of $(Zr_{0.25}Nb_{0.25}Ti_{0.25}V_{0.25})$C high-entropy ceramics. Acta Materialia, 2019, 170: 15-23.

[31] Harrington T J, Gild J, Sarker P, et al. Phase stability and mechanical properties of novel high entropy transition metal carbides. Acta Materialia, 2019, 166: 271-280.

[32] Zhang R Z, Reece M J. Review of high entropy ceramics: Design, synthesis, structure and properties. Journal of Materials Chemistry A, 2019, 7(39): 22148-22162.

[33] Takeuchi A, Inoue A. Classification of bulk metallic glasses by atomic size difference, heat of mixing and period of constituent elements and its application to characterization of the main alloying element. Materials Transactions, 2005, 46(12): 2817-2829.

[34] Chen R R, Qin G, Zheng H J, et al. Composition design of high entropy alloys using the valence electron concentration to balance strength and ductility. Acta Materialia, 2018, 144: 129-137.

[35] Duan Y P, Wen X, Zhang B, et al. Optimizing the electromagnetic properties of the $FeCoNiAlCr_x$ high entropy alloy powders by composition adjustment and annealing treatment. Journal of Magnetism and Magnetic Materials, 2020, 497: 165947.

第4章　难熔高熵合金粉体制备与增材制造技术

难熔高熵合金具有优异的高温力学特性和高温结构稳定性，其在耐高温结构材料领域的应用前景十分广阔。然而，难熔高熵合金熔点高，传统加工方式(如铸造、锻造)难以制备出具有复杂结构特征的零部件产品。增材制造技术是以数字模型文件为基础，材料逐层堆积的方式制备产品的一种加工方法，这为复杂结构的难熔高熵合金部件制造提供了新的途径。

球形合金粉末是激光增材成形技术的关键原料，粉末的质量很大程度上决定了产品最终的成形效果，因此高品质粉末对激光增材成形技术的发展至关重要。目前用于增材制造的金属球形粉末多采用雾化法，然而难熔高熵合金具有高熔点特性，单纯采用传统的气体雾化方法已不再适用。为此，需要针对难熔高熵合金特性，开发出适用于增材制造的难熔高熵合金球形粉末制备方法。

4.1　喷雾造粒+射频等离子体球化法

射频等离子体球化法是制备高熔点难熔金属球形粉末的一种有效手段，常用于制备 W、Mo、Ta 等难熔金属粉末，该方法利用载气将不规则粉末送入高温等离子体附近(约为 10^5℃)，送入的不规则粉末被快速加热熔化并在表面张力作用下缩聚形成球形，离开高温区后进入冷却室快速冷却形成球形粉末。图 4.1 为射频等离子体球化示意图。

射频等离子体球化法具有热源纯净、无电极污染、热源温度高和增氧低等优点，其制备的粉末具有球形度高、流动性好、粒度分布集中、组分均匀等特点。采用射频等离子体球化法制备的纯球形钨粉具有流动性好、松装密度高、内部组织致密无孔隙等特点，球化后的钨粉流速由 12.7s/50g 提高到 5.6s/50g，松装密度从 5.99g/cm³ 提高到 10.63g/cm³。考虑到难熔高熵合金由高熔点金属组成，其特性与难熔金属有一定的相似性，可以用射频等离子体球化法制备难熔高熵合金球形粉末。

喷雾造粒是一种简单有效的粉末前处理方法。喷雾造粒技术将原料液(称为浆料)通过雾化器分散成极细的雾滴后，喷射到干燥介质(通常为热空气)中使其干燥凝聚获得"球形"团聚颗粒。喷雾造粒不仅可以制备任何两种或两种以上的纯金属或陶瓷颗粒粉末，经过雾化造粒处理后的粉末具有良好的流动性，并且粒度分布可控，这为后续高熵合金粉末球化处理奠定了良好的基础。因此，

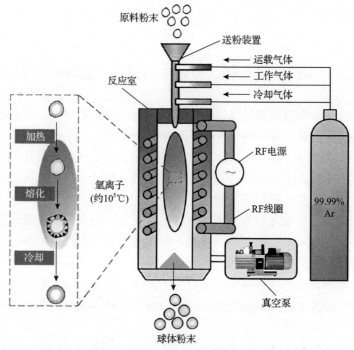

图 4.1　射频等离子体球化示意图

选择喷雾造粒和等离子体球化相结合的方法制备 NbMoTaWZr 难熔高熵合金球形粉末和 NbMoTaWZr-HfC 难熔高熵合金/碳化物复合材料球形粉末。

4.1.1　喷雾造粒法制备 NbMoTaWZr 难熔高熵合金球形粉末

喷雾造粒技术是将混合均匀的溶液浆料送入喷雾造粒塔中，在高速气流作用下破碎成细小的液滴，与此同时，液滴被迅速蒸发干燥结晶，从而获得相应粒径的球形粉末的一种方法。在制备难熔金属及其合金粉末时，由于浆料的雾化和干燥几乎是同时进行的，可以获得元素分布高度均匀的前驱体粉末，且该前驱体粉末球形度高、粒径分布均匀。结合激光增材的粉末需求以及喷雾造粒-等离子体球化的优势，选用该方法制备 NbMoTaWZr 难熔高熵合金球形粉末。

图 4.2 为喷雾造粒原料粉末形貌及相应参数。可以看出，Mo 和 W 粉末是疏松团聚状的，而其他粉末是不规则的，粉末纯度大于 99.9%，且粉末粒径均小于 10μm。

图 4.3 为喷雾造粒制备粉末流程图。试验初始，利用胶体磨将原料混合均匀，根据需求放入合适的黏结剂及分散剂，然后将配制好的料浆通入喷雾造粒塔中，最后将喷雾造粒的团聚粉末进行等离子体球化，获得致密的球形粉末。表 4.1 为等离子体球化工艺参数。在球化过程中，要控制好载气和辅气，载气和辅气的选

择有助于提高粉末的纯度，去除相应杂质。

粉末	粒径尺寸 D_{50}/μm	氧含量 /ppm①	形貌
Mo	1~3	1000	团聚
Nb	<5	2100	不规则
Ta	<10	900	不规则
W	1~3	2500	团聚
ZrH₂	1~3	1200	不规则

(a) Mo (b) Nb (c) Ta

(d) W (e) ZrH₂ (f) 参数

图 4.2 喷雾造粒原料粉末形貌及相应参数

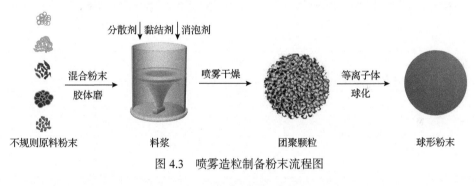

图 4.3 喷雾造粒制备粉末流程图

表 4.1 等离子体球化工艺参数

工艺参数	参数值
初始气体(Ar)	45slpm
中间气体(Ar)	20.5slpm
二次气体(H₂)	3.5slpm
送粉速率	26~30g/min
等离子功率	40kW

图 4.4 为喷雾造粒 NbMoTaWZr 难熔高熵合金粉末形貌与形成过程。从图 4.4(a)

---

① 1ppm=10⁻⁶。

和(b)可以看出，喷雾造粒粉末为原料粉末的团聚，大部分团聚粉末为球形，这主要与喷雾造粒过程的熔凝有关。从图 4.4(c)可以看出，料浆被持续不断地送入喷雾干燥塔中，大量的液滴黏结在一起。团聚液滴的形成会经历两个干燥阶段。刚开始时，颗粒之间接触并由于水分的蒸发而收缩。如果水分有充足的时间蒸发，那么在表面张力的作用下会形成球形团聚颗粒；否则，水分会移动到粉末表面，使得未凝固的液滴形成空缺，这种情况下，孔洞形成，在气体蒸气压的作用下，液滴破碎，形成中空团聚粉末。团聚粉末由于水分的蒸发会产生很多细小的孔隙，且表面粗糙，这与原料的粒径有关，所以要获得光滑的表面，原料粒径越细越好。

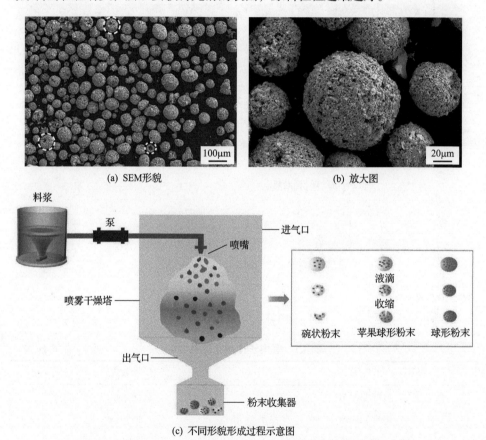

(a) SEM形貌　　　　　　　　　　　　　　(b) 放大图

(c) 不同形貌形成过程示意图

图 4.4　喷雾造粒 NbMoTaWZr 难熔高熵合金粉末形貌与形成过程

图 4.5 为 NbMoTaWZr 难熔高熵合金球形粉末的表面形貌。可以看出，球化后的粉末表面光滑无毛刺，良好的球形度有利于提高粉末的流动性，从图 4.5(a)中可以看出明显的卫星球结构，卫星球主要是不同粒径的粉末在等离子体球化过程中发生碰撞引起的。同样地，喷雾造粒-等离子体球化也会形成几种典型表面形貌。从图 4.5(b)可以看出界面、孔隙，从图 4.5(c)和(d)可以看出树枝状组织和针孔状等轴晶结构，

这些都与凝固收缩有关，极快的冷却速度抑制了晶粒的生长，促进了等轴晶的形成。

图 4.5　NbMoTaWZr 难熔高熵合金球形粉末的表面形貌

为了确定等离子体球化后粉末元素的分布情况，进行了 EDS 分析。图 4.6 为 NbMoTaWZr 难熔高熵合金粉末球化后元素分析。喷雾造粒后的团聚粉末仅仅是黏结剂简单的黏结，而等离子体球化后，高温使得各个组分之间发生反应，每种元素近乎等摩尔比，达到了预期效果。

图 4.7 为 NbMoTaWZr 难熔高熵合金粉末截面形貌与元素含量。可以看出，粉末呈球形，并且内部结构致密，没有明显的微裂纹和气孔。从放大后的形貌图可以观察到粉末内部呈枝晶结构，存在轻微的元素偏析。为了进一步研究枝晶的

元素	原子分数/%
Nb	21.65
Mo	17.95
Ta	22.20
W	17.37
Zr	20.83

(a) SEM形貌　　　　(b) Nb　　　　(c) Mo

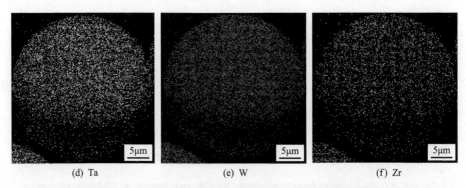

(d) Ta　　　　　　　　　　(e) W　　　　　　　　　　(f) Zr

图 4.6　NbMoTaWZr 难熔高熵合金粉末球化后元素分析

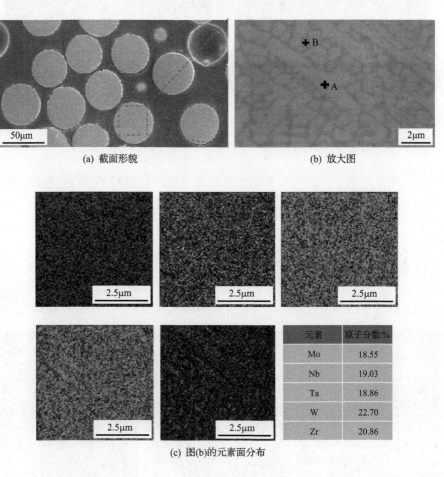

(a) 截面形貌　　　　　　　　　　　(b) 放大图

元素	原子分数/%
Mo	18.55
Nb	19.03
Ta	18.86
W	22.70
Zr	20.86

(c) 图(b)的元素面分布

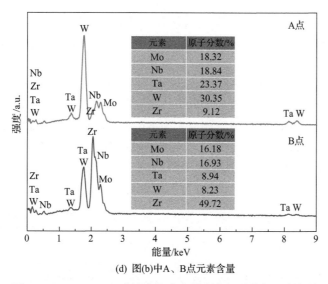

元素	原子分数/%
Mo	18.32
Nb	18.84
Ta	23.37
W	30.35
Zr	9.12

A点

元素	原子分数/%
Mo	16.18
Nb	16.93
Ta	8.94
W	8.23
Zr	49.72

B点

(d) 图(b)中A、B点元素含量

图 4.7　NbMoTaWZr 难熔高熵合金粉末截面形貌与元素含量

微偏析，分析 A、B 两点的元素，可以看出枝晶臂是 Ta、W 元素聚集，枝晶间是 Zr 元素富集。这些微偏析主要是 Zr 元素引起的，由于 Zr 与 Ta 的混合焓为正，正的混合焓会促进枝晶内元素偏析，而且 Zr 的原子尺寸比 Mo、Nb、Ta、W 大，局部的晶格畸变和电荷转移效应加剧，形成微偏析。

图 4.8 为 NbMoTaWZr 难熔高熵合金喷雾造粒和等离子体球化粉末的相结构。可以看出，喷雾造粒后的粉末由 5 种原料和少量的金属氢化物（MH_x，M 代表金属元素，H 为氢元素）组成，金属氢化物的存在与原料 ZrH_2 有关，粉末在喷雾造粒过程中吸热分解成 Zr 和 H_2，然后其他金属与 H_2 反应，形成金属氢化物。在 XRD

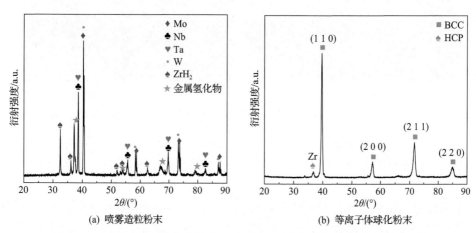

(a) 喷雾造粒粉末　　　　　　　　　　(b) 等离子体球化粉末

图 4.8　NbMoTaWZr 难熔高熵合金喷雾造粒和等离子体球化粉末的相结构

图谱中没有氧化相，这可能是 O 含量较低，XRD 无法检测到。等离子体球化后，粉末主要由 BCC 和 HCP 的富 Zr 相组成，氢化物消失是因为超高温的等离子炬使氢化物发生脱氢反应。此外，等离子体球化后的衍射峰明显变宽，这是冷却速度过快引起的亚晶界增加导致的。

　　为了进一步研究喷雾造粒及等离子体球化粉末的 O 含量，利用电子探针显微分析仪分析粉末的截面氧含量。图 4.9 为 NbMoTaWZr 难熔高熵合金喷雾造粒和等离子体球化粉末截面形貌及 O 元素分布。可以看出，无论喷雾造粒粉末还是等离子体球化粉末，都存在氧化现象，且喷雾造粒粉末的氧化现象高于等离子体球化粉末。

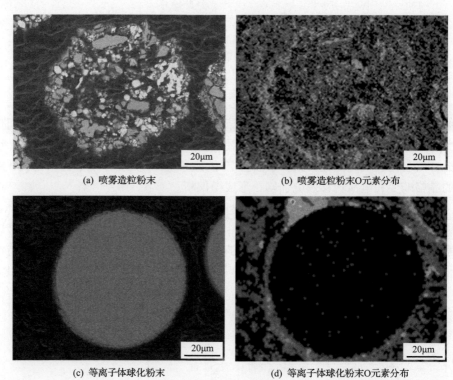

(a) 喷雾造粒粉末　　　　　　　　　　(b) 喷雾造粒粉末O元素分布

(c) 等离子体球化粉末　　　　　　　　(d) 等离子体球化粉末O元素分布

图 4.9　NbMoTaWZr 难熔高熵合金喷雾造粒和等离子体球化粉末截面形貌及 O 元素分布

　　表 4.2 为 NbMoTaWZr 难熔高熵合金喷雾造粒和等离子体球化粉末的 O/H/C/N 含量。等离子体球化后，O 含量从 6050ppm 下降到 750ppm，H、C 和 N 的含量也下降了一个数量级。这与等离子体球化高纯气氛和较高的操作温度有关，等离子体球化过程中的高纯气氛避免了环境氧化的污染，超高温的等离子炬使粉末表面残留的氧及氧化物蒸发掉，而小粒径粉末的蒸发会降低比表面积，使得 O 含量下降。不可忽视的是，球化过程中的辅气 H_2 通常被认为是脱氧剂，氧化物会与

H_2 发生反应生成水或碳化物气体,最终会在高温环境中蒸发,正是多方面的作用,保证了 NbMoTaWZr 难熔高熵合金粉末的纯度。

表 4.2　NbMoTaWZr 难熔高熵合金喷雾造粒和等离子体球化粉末的 O/H/C/N 含量

工艺方法	O/ppm	H/ppm	C/ppm	N/ppm
喷雾造粒	6050	5035	2684	144
等离子体球化	750	122.9	254.9	15.7

图 4.10 为 NbMoTaWZr 难熔高熵合金球化后粉末各元素氧化吉布斯自由能,数据由 HSC 6.0 软件计算得到。可以看出,室温到 3000K 范围内的吉布斯自由能均为负,说明可以自发反应,也就是说,在喷雾造粒过程中氧化反应是自发进行的。一般来说,相同条件下,吉布斯自由能越负,氧化反应越优先,氧化产物越

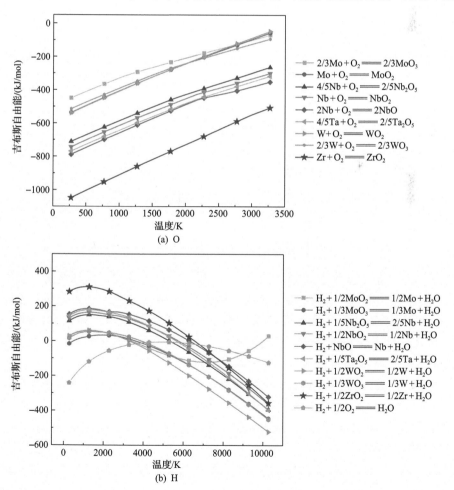

(a) O

(b) H

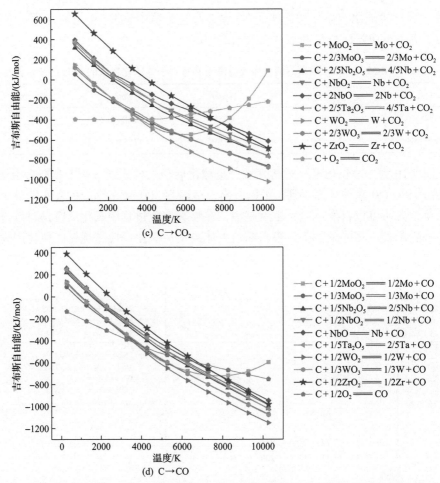

图 4.10 NbMoTaWZr 难熔高熵合金球化后粉末各元素氧化吉布斯自由能

稳定。氧反应的吉布斯自由能如图 4.10(a)所示，在形成的一系列氧化产物中，ZrO_2 最稳定。氢和碳反应的吉布斯自由能如图 4.10(b)、(c)和(d)所示，氢还原 ZrO_2 和碳还原 ZrO_2 分别发生在 6300℃和 2200℃，氧化物经氢化还原生成的 H_2O、CO_2 和 CO 附着在粉末表面，经高温蒸发、去除。但是喷雾造粒粉末是疏松多孔的，内部产生的少量杂质很难完全消除，所以依然有部分杂质残留。

图 4.11 为 NbMoTaWZr 难熔高熵合金喷雾造粒和等离子体球化粉末粒径分布。可以看出，喷雾造粒粉末的平均粒径为 45.7μm，经等离子体球化后，粉体的平均粒径分布曲线略向左移，说明等离子体球化粉末粒径有所减小，这是由于喷雾造粒粉末是疏松多孔不致密的，球化后团聚粉末收缩。还可以看出，细小的颗粒数量减少了，因为颗粒进入高温等离子炬中会立即熔化。另外，较小的团聚颗

粒由于碰撞黏附在一起形成一个大的液滴，最终凝固形成一个完整的粒子[1]。

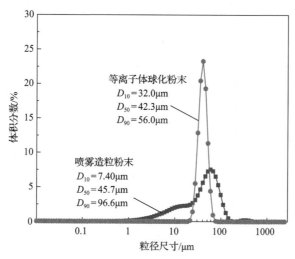

图 4.11　NbMoTaWZr 难熔高熵合金喷雾造粒和等离子体球化粉末粒径分布

表 4.3 为 NbMoTaWZr 难熔高熵合金喷雾造粒和等离子体球化粉末的球化率、流动性及松装密度。可以看出，球化率越高，流动性越好，松装密度越大。这主要是因为等离子体球化后，粉末表面光滑，结构紧凑，球化率高，不同粉末之间的接触面积减小，机械互锁和摩擦系数减小，进一步提高了粉末的流动性和松装密度。

表 4.3　NbMoTaWZr 难熔高熵合金喷雾造粒和等离子体球化粉末的球化率、流动性及松装密度

工艺方法	球化率/%	流动性/(s/50g)	松装密度/(g/cm³)
喷雾造粒	70.5	28.93	2.47
等离子体球化	98.4	8.89	7.27

图 4.12 为 NbMoTaWZr 难熔高熵合金喷雾造粒和等离子体球化粉末的静止角。可以看出，两种堆垛呈平滑状，但是球化后的粉末倾斜角从 32°±0.5°下降到

(a)　喷雾造粒粉末

(b)　等离子体球化粉末

图 4.12　NbMoTaWZr 难熔高熵合金喷雾造粒和等离子体球化粉末的静止角

22°±0.5°。利用纳米压痕仪在球形粉末截面上测定纳米压痕产生的纳米硬度和杨氏模量，数值分别为 6.46GPa 和 86.45GPa，球形粉末纳米硬度较高与快速冷却引起的晶格畸变和纳米级树枝晶结构导致的固溶强化有关。

4.1.2　喷雾造粒法制备$(NbMoTaWZr)_{98}(HfC)_2$难熔高熵合金球形粉末

进一步将喷雾造粒+等离子体球化技术拓展到碳化物颗粒强化难熔高熵合金复合材料球形粉末制备中，采用喷雾造粒和射频等离子体球化结合的方法制备 NbMoTaWZr-HfC 难熔高熵复合材料球形粉末。图 4.13 为喷雾造粒+射频等离子体球化流程示意图。将 HfC 粉末(粒度范围 1～5μm)和 Nb、Mo、Ta、W、ZrH_2 等金属粉末(纯度 ≥99.5%，粒径范围 1～10μm)在 QM-3MP4 型行星球磨机中混合均匀，然后向混合后的粉末中添加聚乙烯醇(PVA)水溶液配制成浆料。采用喷雾造粒装置对浆料进行喷雾造粒处理获得造粒粉末，最后采用射频等离子体球化设备对喷雾造粒后的粉末进行球化处理，获得了名义组分为 $(NbMoTaWZr)_{98}(HfC)_2$ 的难熔高熵合金复合材料球形粉末。

图 4.13　喷雾造粒+射频等离子体球化流程示意图

图 4.14 为球磨和喷雾造粒$(NbMoTaWZr)_{98}(HfC)_2$难熔高熵合金粉末形貌和粒径分布。球磨混合后获得形状不规则的混合粉末，初始颗粒会影响喷雾造粒颗粒特性，初始粉末颗粒越细小越有利于获得光滑、致密的喷雾造粒颗粒[2]。经过长时间的球磨混粉后可以获得粒径小且分布范围较大的初始颗粒(粒径范围为 1～12μm，平均粒径约为 5μm)，这有利于获得致密的喷雾造粒颗粒。喷雾造粒获得的大多数颗粒为近球形，仅有少量破碎粉末。喷雾造粒粉末粒径分布在 10～100μm，其中 D_{10}=10.71μm，D_{50}=42.51μm，D_{90}=83.92μm。喷雾造粒后粉末呈近似球形，具有一定的流动性，经测量其流速为 46s/50g，松装密度为 1.32g/cm³。

图 4.15 为喷雾造粒$(NbMoTaWZr)_{98}(HfC)_2$难熔高熵合金粉末形貌。经过喷雾造粒后，大量微细粉末团聚形成近球形颗粒，而且粉末内部不致密，为多孔结构。

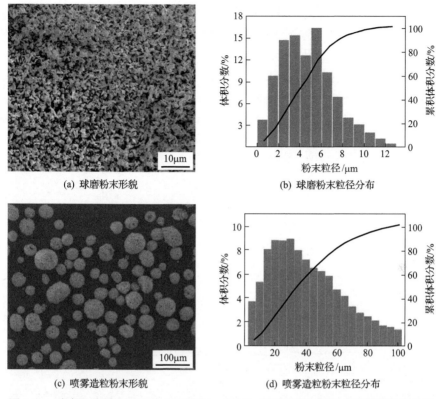

(a) 球磨粉末形貌　　　　　　　　　　(b) 球磨粉末粒径分布

(c) 喷雾造粒粉末形貌　　　　　　　(d) 喷雾造粒粉末粒径分布

图 4.14　球磨和喷雾造粒 $(NbMoTaWZr)_{98}(HfC)_2$ 难熔高熵合金粉末形貌和粒径分布

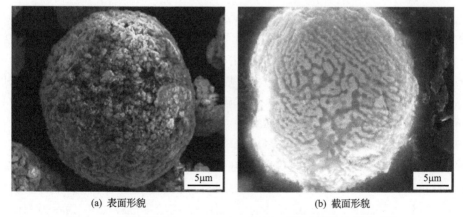

(a) 表面形貌　　　　　　　　　　　(b) 截面形貌

图 4.15　喷雾造粒 $(NbMoTaWZr)_{98}(HfC)_2$ 难熔高熵合金粉末形貌

　　获得的喷雾造粒颗粒为近球形,这主要与喷雾造粒干燥过程密切相关。喷雾造粒过程中,浆料经过雾化器被分散成细小的液滴,而后液滴与热介质接触发生干燥获得团聚的颗粒。干燥过程是液滴在干燥塔内的传热气体(通常为热空气或热的惰性气体)作用下表面的水分蒸发,液滴内部的水分子和黏结剂扩散到液滴表面,并在此过程中携带着浆料中的固体颗粒,此时将形成低渗透膜。当干燥到一定程度时,液滴表面不能保持湿润而形成外壳,从而阻碍后续的水分扩散。当液滴蒸发速度恒定时,干颗粒将保持良好的球度,即获得了近球形喷雾造粒颗粒。

图 4.16 为喷雾造粒 $(NbMoTaWZr)_{98}(HfC)_2$ 难熔高熵合金粉末的 XRD 图。喷雾造粒粉末仅存在原料元素(Nb、Mo、Ta、W、ZrH_2、HfC)的衍射峰,没有新相产生,说明喷雾造粒过程中没有发生合金化或相变反应。

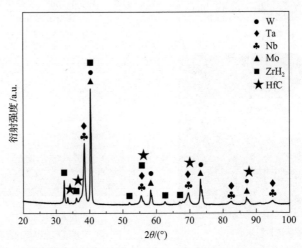

图 4.16　喷雾造粒 $(NbMoTaWZr)_{98}(HfC)_2$ 难熔高熵合金粉末的 XRD 图

图 4.17 为等离子体球化 $(NbMoTaWZr)_{98}(HfC)_2$ 难熔高熵合金粉末形貌和粒径分布。喷雾造粒颗粒经过等离子体球化处理后,具有了更好的球形度,粉末更致密,表面更光滑。经测量,等离子体球化粉末球形度达到 0.98,流速和松装密度分别达到 8.9s/50g、7.20g/cm³,这相对喷雾造粒粉末(流速 46s/50g,松装密度 1.32g/cm³)有了明显提高。射频等离子体温度约为 10^5℃,远高于各组元的熔点(如 Nb 熔点为 2477℃;Mo 熔点为 2623℃;Ta 熔点为 3017℃;W 熔点为 3422℃;ZrH_2 在高温下会发生脱氢反应,形成单质 Zr;Zr 熔点为 1855℃;HfC 熔点为 3890℃)。当喷雾造粒颗粒通过等离子炬时,将被快速加热熔化并经历固液相变,液态颗粒在表面张力的驱动下球化,并在下落过程中快速冷却成球形粉末。等离子体球化粉末粒径 D_{10}=13.31μm,D_{90}=32.11μm,与喷雾造粒粉末(D_{10}=10.71μm,D_{90}=83.92μm)相比,其粒径变窄,具有良好的粒度均匀性。同时,等离子体球化粉末平均粒径 D_{50}=19.62μm,比喷雾造粒粉末(42.5μm)小得多。这是由于喷雾造粒的颗粒内部存在许多间隙,在球化过程中熔融金属会填充间隙,这导致粉末平均粒径减小,松装密度提高。此外,对等离子体球化粉末的 O/C 进行检测,其 O

和 C 含量分别为 0.049%和 0.35842%。其中，O 可能来源于等离子设备中残存的微量 O 或喷雾造粒粉末中带来的 O；C 主要源于添加的 HfC 颗粒，以及喷雾造粒颗粒 PVA 分解产生的 C 原子。

(a) 粉末形貌　　　　　　　　(b) 粒径分布

图 4.17　等离子体球化(NbMoTaWZr)$_{98}$(HfC)$_2$难熔高熵合金粉末形貌和粒径分布

尽管等离子体球化处理后的 (NbMoTaWZr)$_{98}$(HfC)$_2$ 难熔高熵合金粉末大多数为致密的球形，但是也存在少量其他特征的粉末形貌。图 4.18 为等离子体球化(NbMoTaWZr)$_{98}$(HfC)$_2$难熔高熵合金粉末典型形貌。椭球形粉末可能是由两个尚未完全凝固的熔滴在飞行过程中相互碰撞黏结在一起而形成的。熔滴在等离子体中的飞行速度和轨迹受到重力和气流(载气和鞘气)综合作用，在球化过程中存在气流不稳定区域，经过该区域的液滴发生碰撞黏结在一起形成了椭球形粉末。表面褶皱粉末尺寸约为 45μm 的颗粒被不完整的外壳覆盖。苹果球形粉末颗粒表面存在收缩缺陷，这是由于大气流作用下颗粒在等离子体中停留时间过短，颗粒尚未熔化充分就在气体作用下飞离等离子体，并在随后快速凝固过程中收缩来不及补偿，从而出现表面收缩缺陷。卫星球粉末是快速冷却的小颗粒与未完全凝固的大颗粒碰撞黏结而形成的。

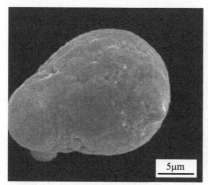

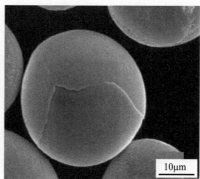

(a) 椭球形粉末　　　　　　　　(b) 表面褶皱粉末

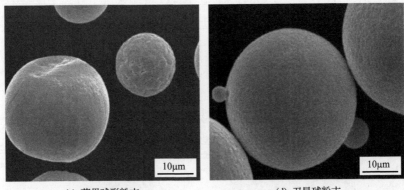

(c) 苹果球形粉末　　　　　　　　(d) 卫星球粉末

图 4.18　等离子体球化(NbMoTaWZr)₉₈(HfC)₂难熔高熵合金粉末典型形貌

图 4.19 为等离子体球化(NbMoTaWZr)$_{98}$(HfC)$_2$难熔高熵合金粉末的 XRD 图。球化后复合粉末由 BCC 相、HfC 相、ZrO$_2$相组成。其中，BCC 相衍射峰(1 1 0)、(2 0 0)和(2 1 1)对应的衍射角分别为 40.26°、58.27°和 73.2°，符合 BCC 晶格结构特征，计算获得 BCC 相晶格常数为 3.2249Å。类似地，HfC 相为 FCC 结构，晶格常数为 4.6376Å；生成的 ZrO$_2$相的晶格常数为 5.2981Å。将等离子体球化与喷雾造粒(NbMoTaWZr)$_{98}$(HfC)$_2$难熔高熵合金的 XRD 图进行对比，可知喷雾造粒颗粒的各组元(Nb、Mo、Ta、W、ZrH$_2$)在球化过程中被等离子体高温熔化后又快速凝固，发生了相变反应形成 BCC 结构固溶体。此外，在球化过程中形成了 ZrO$_2$，这是由于 ZrH$_2$在高温下会发生脱氢反应，形成单质 Zr，相比其他难熔高熵合金组元(Nb、Mo、Ta、W)，Zr 在高温条件下具有更强的亲氧能力[3]，部分

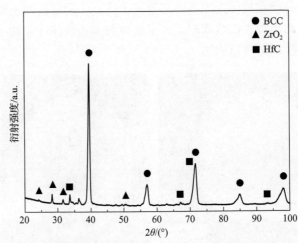

图 4.19　等离子体球化(NbMoTaWZr)₉₈(HfC)₂难熔高熵合金粉末的 XRD 图

Zr 与等离子室内的微量氧在高温下反应生成 ZrO_2，反应式为[4]

$$ZrH_2 \longrightarrow ZrH^+ + H^+ + 2e^- \longrightarrow Zr^{2+} + 2H^+ + 4e^-$$

$$2H^+ + 2e^- \longrightarrow H_2 \uparrow$$

$$Zr^{2+} + O_2 + 2e^- \longrightarrow ZrO_2$$

推测氧化反应发生在感应等离子体尾部，由于等离子体的尾部保护气体(Ar)和还原气体(H_2)浓度降低，含氧气体的湍流很强，易于发生氧化。

图 4.20 为制备的不同粒径$(NbMoTaWZr)_{98}(HfC)_2$难熔高熵合金球形粉末表面形貌。粒径约为 $65\mu m$ 的粉末表面为发达的枝晶结构，放大后可以观察到多点形核诱导的粗大的一次枝晶和径向枝晶，枝晶臂的长度为 $12\sim23\mu m$。大颗粒粉末表面存在发达枝晶是由于粉末颗粒大，冷却速度慢而凝固时间长。随着粒径减小至 $40\mu m$，粉末表面形貌转变为欠发达的枝晶和胞状晶混合组织。随着粒径减小至 $24\mu m$，粉末表面形貌转变为完全胞晶结构。随着粉末颗粒尺寸的减小，冷却速度增大，凝固组织形貌由枝晶向胞状结构转变。粒径约为 $20\mu m$ 的颗粒具

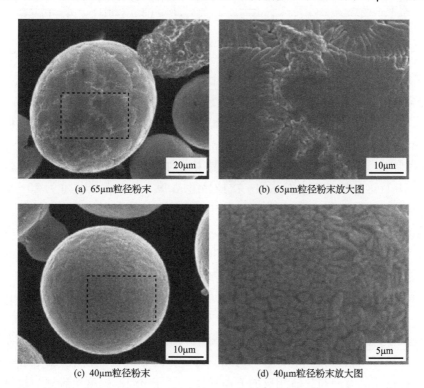

(a) 65μm粒径粉末　　　　　　　　(b) 65μm粒径粉末放大图

(c) 40μm粒径粉末　　　　　　　　(d) 40μm粒径粉末放大图

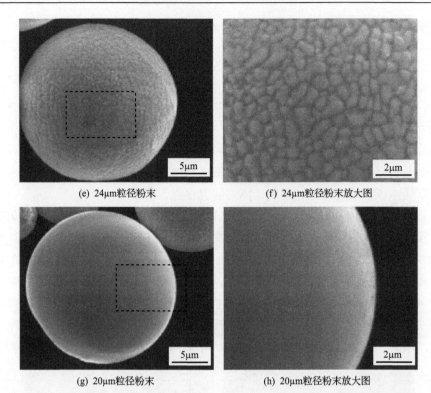

(e) 24μm粒径粉末　　　　　　　　　　(f) 24μm粒径粉末放大图

(g) 20μm粒径粉末　　　　　　　　　　(h) 20μm粒径粉末放大图

图 4.20　制备的不同粒径(NbMoTaWZr)$_{98}$(HfC)$_2$难熔高熵合金球形粉末表面形貌

有光滑的表面，小尺寸颗粒直接从轴向上快速通过等离子炬的热区被熔化，而后在不改变轨迹的情况下进入冷凝室快速冷却，抑制表面结晶形成光滑表面。

图 4.21 为制备的不同粒径(NbMoTaWZr)$_{98}$(HfC)$_2$难熔高熵合金球形粉末截面形貌。可以看出，球化后粉末组织致密，不存在空隙等缺陷，组织特征为细小树枝状结构。粒径为 85μm 的粉末中枝晶束方向明显，径向上从粉体表面伸入粉体内部，并且这些枝晶束由发达的一次枝晶组成，其一次枝晶臂尺寸为 20～40μm。随着粒径减小至 45μm，粉末截面组织转变为细小的枝晶和胞晶混合组织，其一次枝晶臂尺寸为 5～10μm，明显比粒径为 85μm 的粉末枝晶减小，组织得到明显细化。粉末粒径进一步减小至 15μm，小粒径粉末由于快淬速度，获得更为细小的枝晶和胞晶混合组织，其枝晶臂尺寸为 1～3μm。

Grant[5]的研究结果表明，枝晶臂尺寸随着冷却速度的增加而减小，在(NbMoTaWZr)$_{98}$(HfC)$_2$难熔高熵合金粉末等离子体球化处理快速凝固过程中，粉末粒径减小，凝固速度增大，因而枝晶得到明显细化。不同粒径粉末截面凝固组织形貌差异可以根据凝固理论进行分析。球化处理中大粒径粉末(如 85μm)的枝晶凝固首选结晶方向与热流相反的方向平行，其径向温度梯度导致柱状枝晶由球

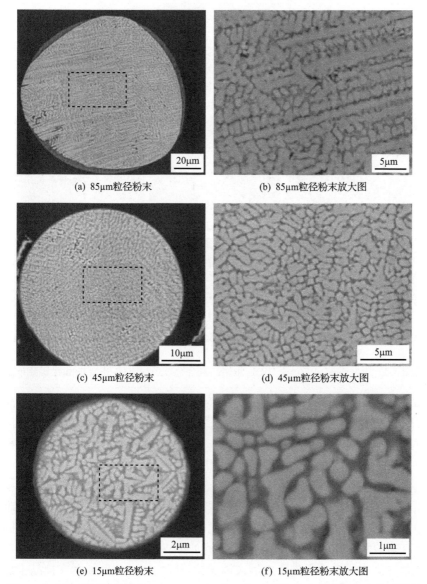

(a) 85μm粒径粉末

(b) 85μm粒径粉末放大图

(c) 45μm粒径粉末

(d) 45μm粒径粉末放大图

(e) 15μm粒径粉末

(f) 15μm粒径粉末放大图

图 4.21　制备的不同粒径 $(NbMoTaWZr)_{98}(HfC)_2$ 难熔高熵合金球形粉末截面形貌

形熔体表面向中心生长,此时发达枝晶的形成主要与大粒径粉末较低的冷却速度密切相关。小粒径粉末中存在的胞晶组织主要与高冷却速度和定向吸热有关。

采用 EDS 对球化处理后 $(NbMoTaWZr)_{98}(HfC)_2$ 难熔高熵合金粉末横截面元素分布进行分析。图 4.22 为 $(NbMoTaWZr)_{98}(HfC)_2$ 难熔高熵合金球形粉末的 SEM图和元素分布。可以看出,难熔组元在粉末整体上分布均匀。

(a) SEM图

(b) W

(c) Mo

(d) Ta

(e) Nb

(f) Zr

(g) Hf

图 4.22　$(NbMoTaWZr)_{98}(HfC)_2$ 难熔高熵合金球形粉末的 SEM 图和元素分布

图 4.23 为 $(NbMoTaWZr)_{98}(HfC)_2$ 难熔高熵合金球形粉末中枝晶和枝晶间区域的 SEM 图和元素分布。可以看出，粉末各组元在枝晶微区中分布不均匀。其中，W、Mo、Ta 等高熔点元素在枝晶臂富集，Nb、Zr 等低熔点元素在枝晶间富集，而 Hf 元素均匀分布枝晶臂和枝晶间。对于单个粉末，各组元 Nb、Mo、Ta、W、Zr 基本成等摩尔比，Hf 含量也与添加 HfC 比例基本一致，可以说球化后粉末元素含量基本与目标成分一致。而对于微观区域，各元素分布存在差异，各难熔组元在枝晶组织中分布不均主要与球化熔化以及凝固过程密切相关。球化凝固过程中，熔点高的元素（如 W、Mo、Ta）具有相似的结构，并且都具有高熔点，在凝固过程中先达到凝固过冷条件率先形成枝晶核凝固，因此这些元素在枝晶中富集。而熔化温度相对较低的 Zr、Nb 等在液相中富集，导致凝固后期在枝晶间富集 Zr、Nb 元素，这一现象与难熔高熵合金铸态组织中低熔点组元在枝晶间偏聚现象一致，只是粉末具有更快的冷却速度，组织更加均匀细小，元素偏析尺度范围仅为几微米。此外，Zr 元素为密排六方结构，与其他合金组元 BCC 结构不同，并且 Zr 元素具有最大的原子半径（Zr 原子半径为 160pm，而 Nb、Mo、Ta、W 原子半径分别为 142pm、136pm、143pm、136pm），Zr 元素与其他元素之间错配度较大也导致 Zr 元素容易在该合金体系中偏析。

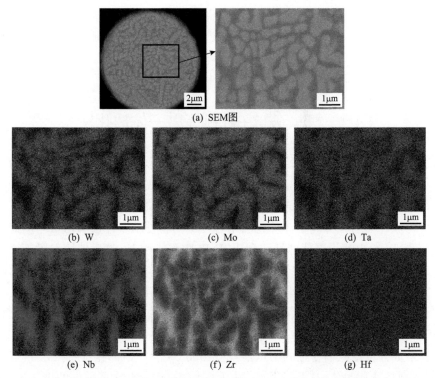

(a) SEM图

(b) W　　　(c) Mo　　　(d) Ta

(e) Nb　　　(f) Zr　　　(g) Hf

图 4.23　$(NbMoTaWZr)_{98}(HfC)_2$ 难熔高熵合金球形粉末中枝晶和枝晶间区域的 SEM 图和元素分布

图 4.24 为制备的 $(NbMoTaWZr)_{98}(HfC)_2$ 难熔高熵合金球形粉末纳米压痕测试结果。结果表明，喷雾造粒法制备的 $(NbMoTaWZr)_{98}(HfC)_2$ 难熔高熵合金球形粉

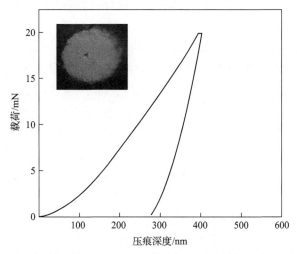

图 4.24　制备的 $(NbMoTaWZr)_{98}(HfC)_2$ 难熔高熵合金球形粉末纳米压痕测试结果

末的纳米硬度为 11.81GPa，比同一方法制备的 NbMoTaWZr 难熔高熵合金球形粉末 (6.46GPa) 提高了 5.35GPa，通常材料硬度越大，其本征屈服强度也就越大[6]，因此 $(NbMoTaWZr)_{98}(HfC)_2$ 难熔高熵合金球形粉末与 NbMoTaWZr 难熔高熵合金球形粉末相比，具有更优异的力学性能指标。

4.2　机械破碎+射频等离子体球化法

　　射频等离子体球化法是以初始粉末为原料的球形粉末制备技术，原料粉末的状态将对球化过程有一定的影响。因此，在射频等离子体球化前需要前处理工艺改善初始粉末状态。球磨破碎是射频等离子体球化前处理粉末的一种简单有效的方法，将破碎与射频等离子体球化法结合已成功制备出多种金属粉末。例如，将 Ta 粉末和 W 粉末使用高能球磨法合成 W-Ta 前驱体粉末，然后使用射频等离子体球化法制备出 W-Ta 球形粉末。使用球磨+等离子体球化法制备了球形度良好且粒径分布均匀（粉末粒径范围为 $31.1\sim63.8\mu m$，$D_{50}=45.1\mu m$）的 WMoTaNbV 难熔高熵合金球形粉末。使用氢化破碎+等离子体球化法制备出粒度均匀（粒度范围为 $15\sim43.8\mu m$，$D_{50}=28\mu m$）的球形 VNbMoTaW 难熔高熵合金粉末。

　　复杂成分难熔高熵合金的熔点很高（>2500℃），一般都为脆性材料，常规加工成形（特别是复杂的结构）极其困难，限制了难熔高熵合金大型部件的进一步应用。增材制造技术可以突破难熔脆性高熵合金难制备、难加工的瓶颈，为难熔高熵合金的制备提供了一种新的途径。增材制造技术所使用的原料为球形金属粉末，该类粉末具有良好的球形度、流动性和适宜的粒度分布，这也是增材制造高熵合金获得结构致密、组织均匀部件的关键所在。此外，球形难熔高熵合金粉末在热喷涂制备高熵合金耐高温涂层等领域也有重要的应用前景。目前，球形合金粉末通常采用惰性气体雾化法和旋转电极雾化法制备[7]，然而，难熔高熵合金的熔点高、黏度大、导热快，利用常规雾化方法制备非常困难，且存在较大比例的空心粉和卫星粉，导致增材制造成形时零件残留气孔，经过后续热处理工艺也难以消除，严重影响成形零件的力学性能及抗疲劳性能。合金化、湿化学法可用来制备难熔高熵合金粉末，但是所制备的粉末形状不规则，流动性差，且易引入杂质。针对高强度高塑性的高熵合金存在不易破碎、成品率低、制备成本高等问题，研发了一种采用长时高能球磨制备难熔高熵合金粉末的方法，但其所制备的粉末形状不规则，且杂质含量较高，难以满足增材制造、热喷涂、注射成形技术的要求。因此，开发出工序简单、成本低廉、品质较高的高强度高塑性高熵合金球形粉末制备方法十分必要。

　　为了制备出高品质、低成本的可用于增材制造的难熔高熵合金粉末，熔炼-破碎-等离子体球化的方法应运而生。试验选用真空电弧熔炼，将金属原料按熔点高低顺序放入坩埚置于炉腔内，开启真空泵抽真空洗气—充惰性气体—熔炼，熔炼结束后将高熵合金铸锭放入制样粉碎机的料钵中振动，获得所需粒径的高熵合金粉末。然而，对于高熔点的难熔金属，电弧熔炼需要多次熔炼，制作中间合金，且一般多为质量较小的铸锭。对于粉末需求较多的难熔高熵合金增材成形，采用电子束熔炼更为适合。

电子束熔炼是高真空下将高速电子束流的动能转换为热能对金属进行熔炼的一种真空熔炼方法。在高真空条件下，阴极由于高压电场的作用被加热而发射出电子，电子汇集成束，电子束在加速电压的作用下以极高的速度向阳极运动，穿过阳极后，在聚焦线圈和偏转线圈的作用下准确地轰击到结晶器内的底锭和物料上，使底锭被熔化形成熔池，物料也不断被熔化滴落到熔池内，从而实现熔炼。图 4.25 为真空电子束炉熔炼示意图。此熔炼炉一般分为水平熔炼和垂直熔炼两个步骤。电子束熔炼过程存在三种基本的冶金反应：①除气，电子束熔炼可除去大多数金属中的氢，由于真空度高，熔池温度及处于液态的时间可控，脱氮效果也很高；②金属杂质的挥发，在电子束熔炼温度下，凡是比基体金属蒸气压高的金属杂质难以挥发去除；③去除非金属夹杂物，氧化物及氮化物等夹杂物在电子束熔炼温度及真空度下有可能分解被去除。此外，锭子自下而上的顺序凝固特点也有利于非金属夹杂物的上浮。因此，选择电子束熔炼难熔金属具有高的纯洁度和良好的铸态组织，从而保证了高熵合金粉末破碎时具有较高的纯度、较低的含氧量，而破碎参数的调整又确保了粉末的粒径可控。因此，熔炼-破碎是一种可靠可行的制备难熔高熵合金粉末的有力手段。

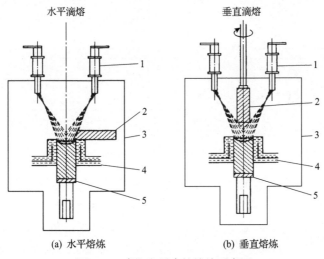

图 4.25　真空电子束炉熔炼示意图
1.电子枪；2.电极；3.真空室；4.水冷模子；5.可伸缩铸模

图 4.26 为电子束熔炼的 NbMoTaWZr 难熔高熵合金铸锭，该铸锭高 120mm、直径 110mm。可以看出，电子束熔炼的合金铸锭表面光滑，不似浇铸有明显的毛刺和冒口。

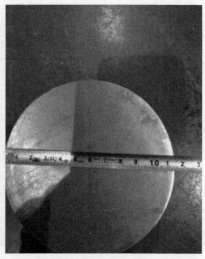

图 4.26　电子束熔炼的 NbMoTaWZr 难熔高熵合金铸锭

图 4.27 为电子束熔炼的 NbMoTaWZr 难熔高熵合金组织形貌。可以看出，合金具有枝晶结构以及组织的偏析，深色和暗色区域分别为不同元素的富集。

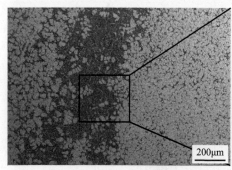

图 4.27　电子束熔炼的 NbMoTaWZr 难熔高熵合金组织形貌

图 4.28 为电子束熔炼的 NbMoTaWZr 难熔高熵合金元素分布。可以看出，图 4.28(a) 中深色区域为 Zr 元素，浅色区域则为高熔点元素。

表 4.4 为图 4.27 中标记点的元素原子分数。Zr 元素富集在 1、3、5 和 6 位置，而高熔点的 W 和 Ta 元素聚集在 2 和 4 两个位置，且这两个点的 Zr 元素原子分数仅为 15.32% 和 10.33%，正是这种软硬分明的非均质结构，使得该难熔高熵合金具有软硬兼具的力学性能。

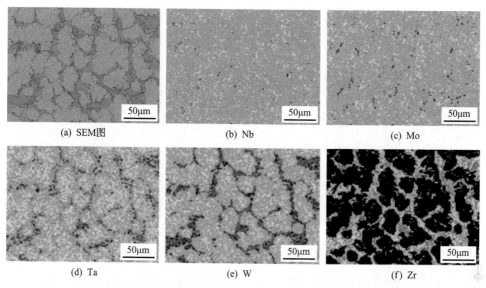

图 4.28　电子束熔炼的 NbMoTaWZr 难熔高熵合金元素分布

表 4.4　图 4.27 中标记点的元素原子分数　　　　　　　　（单位：%）

位置	Zr	Nb	Mo	Ta	W
1	72.42	13.30	7.68	5.05	1.55
2	15.32	19.04	18.24	27.11	20.28
3	73.01	14.09	6.46	5.47	0.96
4	10.33	20.77	20.98	27.37	20.55
5	68.31	14.44	9.59	6.34	1.32
6	59.52	15.28	9.59	10.42	5.19

　　图 4.29 为 NbMoTaWZr 难熔高熵合金铸锭、球磨粉末、球化粉末的 XRD 图。粉末制备的整个流程没有发生相结构转变，主要以 BCC 结构为主。但是经过等离子体球化后，粉末的富 Zr 峰降低明显，这是由于等离子炬温度可达 10000℃，Zr 元素完全溶入 BCC 相的各元素中，形成固溶体。根据 XRD 结果，计算得到该难熔高熵合金的晶格尺寸为 3.244Å，这与理论计算结果（3.293Å）相近[8]。

　　图 4.30 为 NbMoTaWZr 难熔高熵合金破碎粉末及球化粉末的组织形貌。破碎粉末是不规则的，各个粉末的尺寸也不相同，经激光粒度仪测得平均晶粒尺寸为 21.9μm。此外，在一些团聚的颗粒表面可以观察到如蜂窝状聚集的孔隙，这些都与氢化-球磨破碎的过程有关。而等离子体球化过后，粉末表面光滑，看不到明显的孔隙、裂纹等缺陷，此时平均粒径有所增大，为 37.5μm。图 4.30（d）中列出了两种典型的形貌，即椭球（A）和卫星球（B）。其中椭球形貌主要是熔化不完全造成

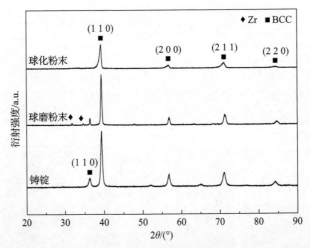

图 4.29　NbMoTaWZr 难熔高熵合金铸锭、球磨粉末、球化粉末的 XRD 图

(a) 破碎粉末　　　　　　　　　　　(b) 破碎粉末放大图

(c) 球化粉末　　　　　　　　　　　(d) 球化粉末放大图

图 4.30　NbMoTaWZr 难熔高熵合金破碎粉末及球化粉末的组织形貌

的，在粉末球化穿过等离子炬的过程中，载气包裹着粉末离等离子炬中心较远，吸收的热量较少，使之难以完全熔化。除此之外，太大的送粉量也会影响粉末的热量吸收，因此在等离子体球化过程中，工艺参数的调整很有必要。卫星球主要是因为不同粒径粉末球化过程中的碰撞，粒径较小的粉末颗粒速度较快，在穿过等离子炬的过程中会黏附在正在凝固的大颗粒表面，形成卫星球，卫星球的存在

会显著影响粉末的流动性，降低成形样品的质量。

图 4.31 为三种特殊形貌的球化粉末及元素分析。图 4.31(a)中粉末表面具有枝晶结构，具有枝晶结构的粉末已经完全熔化，在表面张力的作用下，熔融态液滴冷却凝固成球形颗粒，但是较快的冷凝速度以及不同的熔点使得粉末表面形成了典型的枝晶结构。图 4.31(b)中粉末表面有明显的橘皮组织，这也是由冷却与凝固速度不匹配造成的。相比较而言，图 4.31(c)中的卫星球形貌与图 4.30(d)不同，这是等离子体球化过程发生氧化所致。NbMoTaWZr 难熔高熵合金中 Zr 元素对 O十分敏感，高温下很容易发生氧化，图 4.31(d)中列出了 A、B 两点的能谱，验证了 A 点是卫星球发生氧化的猜想。

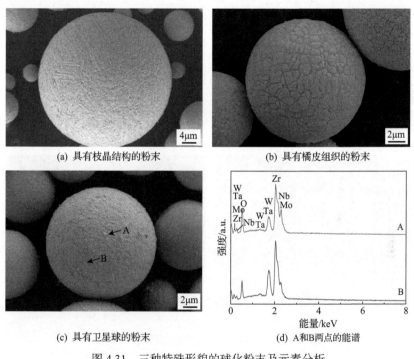

(a) 具有枝晶结构的粉末　　　　　　(b) 具有橘皮组织的粉末

(c) 具有卫星球的粉末　　　　　　(d) A和B两点的能谱

图 4.31　三种特殊形貌的球化粉末及元素分析

图 4.32 为 NbMoTaWZr 难熔高熵合金球化后粉末的 EDS 面分析。可以看出，粉末的表面氧化比较轻微。轻微氧化是很难避免的，如前所述，除 Zr 元素容易氧化外，难熔元素在高温下也是极易氧化的。

图 4.33 为 NbMoTaWZr 难熔高熵合金球化后粉末截面形貌及 O 含量。粉末截面的电子探针显微分析测试进一步证实了粉末内部也有轻微氧化。这与图 4.29XRD 图谱分析一致，仅有(1 1 0)、(2 0 0)、(2 1 1)和(2 2 0)的峰被检测到，没有氧化物的衍射峰谱。

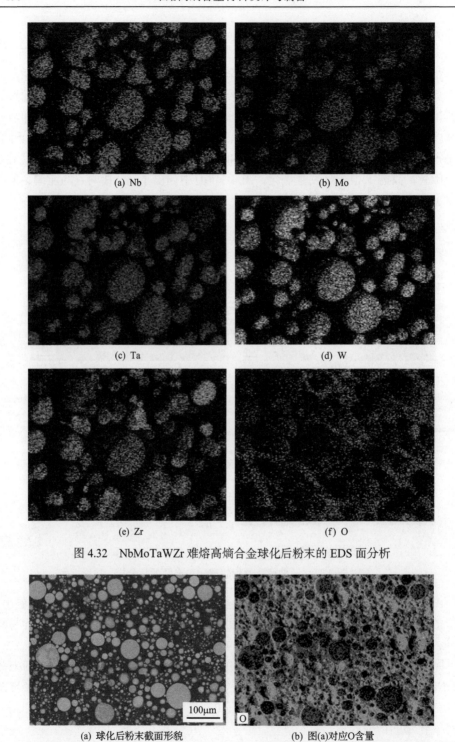

(a) Nb

(b) Mo

(c) Ta

(d) W

(e) Zr

(f) O

图 4.32　NbMoTaWZr 难熔高熵合金球化后粉末的 EDS 面分析

(a) 球化后粉末截面形貌

(b) 图(a)对应O含量

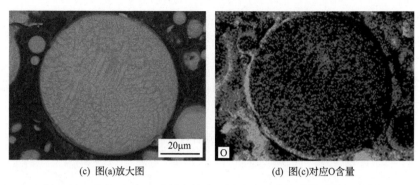

(c) 图(a)放大图　　　　　　　(d) 图(c)对应O含量

图 4.33　NbMoTaWZr 难熔高熵合金球化后粉末截面形貌及 O 含量

图 4.34 为 NbMoTaWZr 难熔高熵合金粉末的粒径分布。球化后粉末粒径分布符合高斯分布，与球化前的粉末相比，球化后粉末粒径分布变窄且更加均匀。由粒径分布可以看出，小于 5μm 的粉末在球化后由于吸收足够的热量，发生汽化，数量明显减少。此外，至少 80% 的球化粉末粒径分布在 12.1～66.8μm，D_{50}=34.6μm。球化后粉末分布集中，除吸热汽化外，还有一些本身粒径较小的粉末由于吸热熔凝以及相互碰撞形成一些较大粒径的粉末。由以上的粒径分布可以看出，如果要符合后续增材的粒径需求，需要控制球磨粉末粒径、等离子体球化送粉率以及等离子炬的功率。球磨粉末粒径分布范围越窄，球化后的粉末粒径分布越集中。送粉率越慢，粉末吸收的热量会越充足，小粒径粉末的蒸发率就越大。另外，送粉速度也会使得小粒径粉末发生不连续的热焊作用形成粒径较大的粉末。

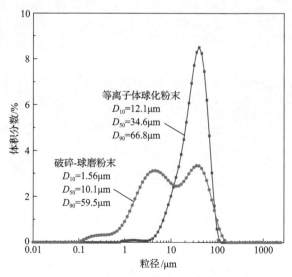

图 4.34　NbMoTaWZr 难熔高熵合金粉末的粒径分布

　　表 4.5 为 NbMoTaWZr 难熔高熵合金粉末球化前后物理参数。球化前，不规则粉末不具有流动性，经等离子体球化后，粉末的球化率达到 95.3%，测量得到粉末的流动性为 15.09s/50g，球化后的粉末变得更加致密，松装密度也由 4.41g/cm³ 增加至 7.42g/cm³，粉末的纯度大大提高，碳/氧含量在球化后也分别降至 92ppm 和 1677.5ppm。

表 4.5　NbMoTaWZr 难熔高熵合金粉末球化前后物理参数

样品	球化率/%	流动性/(s/50g)	松装密度/(g/cm³)	氧含量/ppm	碳含量/ppm
氢化粉末	—	不流动	4.41	3232.60	214
球化粉末	95.3	15.09	7.42	1677.50	92

　　图 4.35 为 NbMoTaWZr 难熔高熵合金球形粉末截面元素分析。可以看出，截面内部致密，没有孔隙或裂纹。球化后粉末中的 Nb、Mo、Ta、W 和 Zr 元素分布均匀，不似铸锭有明显的元素偏析现象。从旁边粒径较小的粉末可以看出少量 W、Ta 和 Zr 元素的富集区，这主要因为小粒径的粉末熔凝比较快，导致元素分布不均匀。

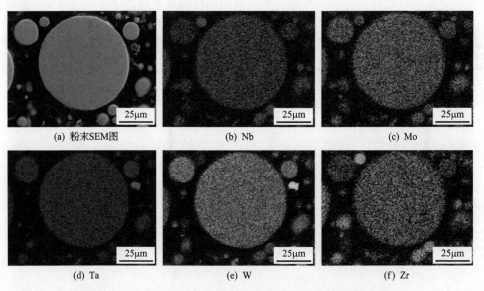

(a) 粉末SEM图　　　　　(b) Nb　　　　　(c) Mo

(d) Ta　　　　　(e) W　　　　　(f) Zr

图 4.35　NbMoTaWZr 难熔高熵合金球形粉末截面元素分析

　　图 4.36 为 NbMoTaWZr 难熔高熵合金球形粉末的纳米压痕测试结果。结果表明，粉末的杨氏模量、纳米硬度分别为 88.65GPa、7.99GPa。

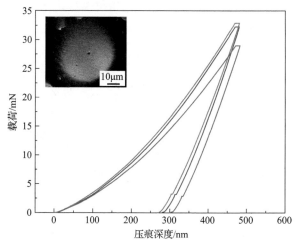

图 4.36　NbMoTaWZr 难熔高熵合金球形粉末的纳米压痕测试结果

4.3　等离子旋转电极雾化法

　　PREP 是一种重要的球形粉末制备技术，该技术是以材料制成自耗电极棒，利用等离子弧连续熔化旋转电极棒，熔滴在离心力作用下被抛出，抛出的液态熔滴在表面张力作用下形成球形，并在飞行过程中快速冷却凝固形成球形粉末。图 4.37 为旋转电极雾化工艺原理图[9]。PREP 制粉具有以下特点：①制备过程中不与坩埚等其他外来物质接触，从而避免杂质的引入，粉末纯净度高；②制备过程中熔滴的破碎主要依靠离心力，相比气雾化过程，气体对雾化熔滴的作用很小，制备出的粉末球形度高，卫星球数量少，粉末空心率很低，因而粉末的流动性好；③等离子电弧温度高，适用性广，可用于多种金属材料粉末；④制粉过程中粉

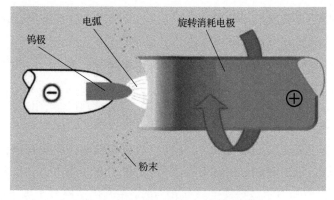

图 4.37　旋转电极雾化工艺原理图[9]

末收集室也处于完全氩气保护状态，因此可有效降低粉末中的氧含量，通常 PREP 制备粉末的氧含量可控制在 50～800ppm；⑤粉末粒径范围窄，多用于制备大粒径（53μm 以上）粉末，细粒径粉末（20μm 以下）收得率较低。

近年来，PREP 在设备改进、工艺调控、粉末质量等方面得到了迅速发展。现阶段航空航天等领域所需多个体系的特种粉末已经研发成功，包括 Ti、Ni 等高温合金球形粉末和 Nb、W、Mo 等难熔金属球形粉末。尽管 PREP 技术已经在多种金属球形粉末中成功应用，但是其制备难熔高熵合金球形粉末的研究较少。Xia 等[7,10]和顾涛等[11]采用 PREP 技术成功制备出难熔高熵合金和颗粒强化难熔高熵材料两个体系的球形粉末，这对 PREP 制备难熔高熵合金体系材料球形粉末具有重要的参考意义。

4.3.1　等离子旋转电极雾化法机理和特点

PREP 制粉过程中可分为熔滴离心雾化和熔滴快速凝固两个阶段，其中熔滴离心雾化阶段影响粉末平均粒径和粉末粒径分布，熔滴快速凝固阶段影响球形粉末微观组织形貌。

1. 熔滴离心雾化阶段

生产所需粒径的球形粉末是 PREP 制粉的主要目的之一，PREP 制备的粉末平均粒径尺寸与电极棒直径、转速、熔滴的物理特性等因素密切相关。根据 PREP 技术原理可知，PREP 制粉过程中熔滴形成并被甩出过程的临界条件为熔滴的离心力等于熔滴表面张力，制备的粉末平均粒径为

$$d = \text{const} \left(\frac{\sigma}{D\rho} \right)^{\frac{1}{2}} \frac{1}{2\pi n} \tag{4.1}$$

式中，d 为粉末平均粒径；D 为棒材直径；n 为转速；ρ 为密度；σ 为材料熔滴表面张力。

对于同一种材料，增大棒料旋转速度或增大棒材直径，可以获得粒径更小的球形粉末。

PREP 制粉过程中粉末粒径分布主要与熔滴雾化破碎模式相关。在 PREP 制粉过程中，棒料前端被熔化形成液膜，形成的液膜在离心力的作用下流向棒料端面边缘，在表面张力的作用下，液膜并不能立即破碎甩出，而是在棒料端面形成一个类圆形的液冠。随着棒料端部的持续熔化，在离心力作用下，金属液膜不断地进入液冠中，当离心力超过熔体的表面张力时，熔滴便从液冠中被甩出去。图 4.38

为 PREP 制粉过程中液滴破碎机理图[12]。根据熔滴从液冠中飞出的情况，离心破碎雾化过程中存在三种破碎模式，即直接液滴破碎(direct drop formation, DDF)模式、液线破碎(ligament disintegration, LD)模式和液膜破碎(film disintegration, FD)模式。当熔化速度较小且转速相对较慢时，液膜厚度薄，熔滴从液冠分离的过程中会形成一次颗粒和更细小的二次颗粒，符合直接液滴破碎特征。随着熔化速度增加，液膜厚度增大，在离心力作用下可形成连续不断的一连串的小熔滴，沿着电极边缘呈现出均匀的液线，符合液线破碎特征。熔化速度进一步增大时，棒料端面的熔液量增多形成不稳定的液膜，当液膜外部的流速超过泰勒失稳性时，熔滴甩出后易形成不规则且颗粒较粗大的片状粉末，符合液膜破碎模式特征(液膜破碎模式不是理想的制备球形粉末的工艺模式)。

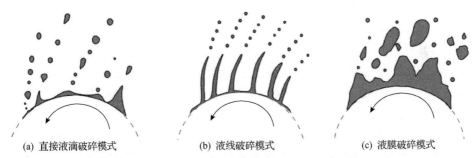

(a) 直接液滴破碎模式　　　　(b) 液线破碎模式　　　　(c) 液膜破碎模式

图 4.38　PREP 制粉过程中液滴破碎机理图[12]

无量纲参数 H_i 可以对熔滴破碎模式进行判定，其计算公式为

$$H_i = \frac{\mu_i^{0.17} Q_m \rho_i^{0.71} \omega^{0.6}}{\gamma^{0.88} D^{0.68}} \tag{4.2}$$

式中，D 为电极直径；H_i 为 Hinze-Milborn 常数；Q_m 为电极的熔化速度；γ 为表面张力系数；μ_i 动力学黏度系数；ρ_i 为熔体密度；ω 为角速度。当 $H_i < 0.07$ 时，熔滴以直接液滴破碎为主要破碎模式；当 $0.07 < H_i < 1.33$ 时，熔滴以液线破碎为主要破碎模式；当 $H_i > 1.33$ 时，熔滴以液膜破碎为主要破碎模式。

综上所述，调节 PREP 工艺参数如转速、电极直径和直流电流等，可以制备出不同粒径的球形粉末。

2. 熔滴快速凝固阶段

PREP 制备的球形粉末的微观形貌与熔滴冷却凝固过程密切相关。根据传热学原理，认为熔滴释放的热量等于液滴表面对周围环境的热流密度。熔滴的冷却速度为

$$\left|\frac{\mathrm{d}T^d}{\mathrm{d}t}\right| = \frac{12}{\rho C_p}(T_d - T_t)\frac{k_g}{d^2} \tag{4.3}$$

式中，C_p 为熔滴比热容；d 为熔滴直径；k_g 为气体的导热率；T_d 为熔滴温度；T_t 为气体温度；ρ 为熔滴密度。

液滴的冷却速度取决于粉末粒径、熔融液滴与周围环境的温差以及熔体和雾化气体的固有热物理性质。

通常情况下，熔滴直径越小，熔滴的冷却速度越高，获得的枝晶组织也越细小。对粉末的枝晶臂间距进行测量，其与粉末粒径的关系为

$$\lg S = a + k\lg d \tag{4.4}$$

式中，a 为常数；d 为粉末粒径；k 为系数；S 为枝晶臂间距。

PREP 熔滴凝固过程符合非均质形核凝固理论，凝固组织特征为典型的快速凝固微观组织特征。在球形粉末外表面，在较大的温度梯度作用下形成一次枝晶结构，并且一次枝晶生长方向为热流方向的反方向。随着凝固的进行，在枝晶尖端熔体过冷的作用下，二次枝晶臂将在过冷熔体中生长，生长方向垂直于一次枝晶的主干方向。而在球形粉末中心区域，存在较大的等轴枝晶。众所周知，显微组织的特征细度主要取决于温度梯度和凝固速度，较高的温度梯度和凝固速度通常会导致枝晶臂间距减小。

4.3.2　等离子旋转电极雾化法在难熔高熵合金球形粉末加工中的应用

采用 PREP 制备粉末的具体步骤如下：

(1) 将规格为 $\phi(30\sim75)\,\mathrm{mm}\times(200\sim400)\,\mathrm{mm}$ 的电极棒一端机械加工出螺纹与旋转驱动机构连接头配合。

(2) 开启真空系统，将雾化工作室抽至真空状态，真空度达到 $5\times10^{-3}\,\mathrm{Pa}$。

(3) 开启惰性气体供给系统，向雾化工作室充入氩气，使雾化工作室内压力为 $0.04\sim0.08\mathrm{MPa}$。

(4) 开启高速旋转驱动装置，使电极棒按照设定的转速（通常为 10000～30000r/min）高速旋转。

(5) 开启等离子枪产生高温等离子火炬作用于电极棒端面，使其熔化成液膜，液膜在高速旋转离心力作用下甩出形成液滴，微小液滴在惰性气氛中冷却且在表面张力作用下形成球形粉末。

(6) 调节等离子枪送进机构，驱动等离子枪轴向进给，确保制粉过程等离子枪端面和自耗电极棒之间距离恒定。

（7）完成制粉后，拆卸旧电极棒，更换新电极棒，准备下一次制粉。

图 4.39 为 PREP 制备的 HfNbTaTiZr 难熔高熵合金球形粉末形貌和粒径分布。优化后 PREP 工艺参数制备出的球形粉末外表面光滑，球形度好，采用 Mastersizer 3000 型激光衍射粒度分析仪检测粉末粒径分布，粉末粒径分布范围为 20～100μm，$D_{50}=64$μm。

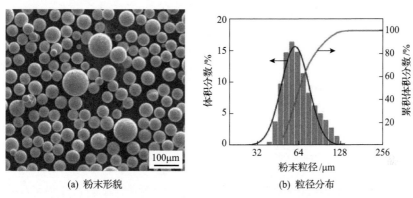

　　　(a) 粉末形貌　　　　　　　　　　(b) 粒径分布

图 4.39　PREP 制备的 HfNbTaTiZr 难熔高熵合金球形粉末形貌和粒径分布

图 4.40 为 PREP 制备的 HfNbTaTiZr 难熔高熵合金球形粉末 XRD 图。该粉末具有单 BCC 相结构。

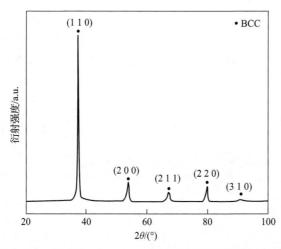

图 4.40　PREP 制备的 HfNbTaTiZr 难熔高熵合金球形粉末 XRD 图

经测量，粉末的松装密度为 4.63g/cm³。此外，制备的粉末杂质含量低，粉末中碳含量和氧含量分别为 720ppm 和 590ppm。

PREP 制粉过程中不同尺寸熔滴飞离熔池边缘后，在冷却气体中快速凝固。

图 4.41 为 PREP 制备的 HfNbTaTiZr 难熔高熵合金球形粉末冷却速度与粒径关系曲线。可以看出，随着粉末粒径的增大，冷却速度不断减小。

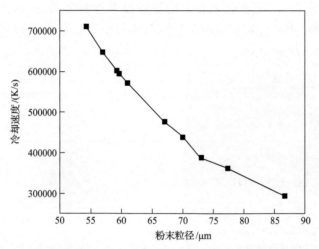

图 4.41　PREP 制备的 HfNbTaTiZr 难熔高熵合金球形粉末冷却速度与粒径关系曲线

图 4.42 为 PRER 制备的不同粒径 HfNbTaTiZr 难熔高熵合金球形粉末截面形貌。粒径为 105μm 的粉末的微观结构主要为树枝状结构，树枝状结构倾向于位于粉末表面附近。这是由固液界面的温度梯度和浓度差异造成的。随着粉末粒径减小至 75μm，粉末截面组织为枝晶和胞晶混合组织，产生该现象原因是随着粉末粒径逐渐减小，冷却速度持续增大，粉末单位面积的形核数增多，液固界面推进速度增大，使得相邻两枝晶长大产生分枝并互相搭界，形成胞状晶。粉末粒径进一步减小，粉末截面枝晶组织变得更加细小，当粉末粒径减小至 20μm 时，微观组织变为细小的等轴晶组织，这是由于小粒径粉末快速冷却，快速凝固过程抑制合金元素扩散，使熔滴成分过冷的作用非常有限，从而在小粒径粉末截面形成等轴晶，

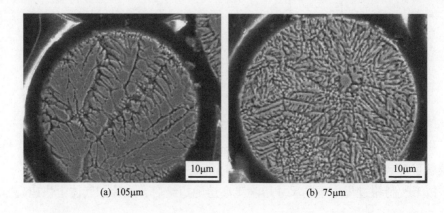

(a) 105μm　　　　　　　　　　　　　　(b) 75μm

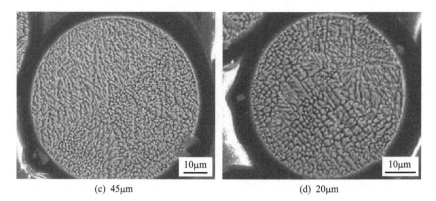

(c) 45μm　　　　　　　　　　　　　(d) 20μm

图 4.42　PRER 制备的不同粒径 HfNbTaTiZr 难熔高熵合金球形粉末截面形貌

并且由于快速冷却作用，晶体的生长被强烈抑制，从而形成细小的微观组织。

图 4.43 为 PREP 制备的 HfNbTaTiZr 难熔高熵合金球形粉末元素分布。可以看出，粉末内部致密且 Zr、Nb、Hf、Ta 和 Ti 元素在整个粉末内部均匀分布，没有明显的宏观偏析和溶质富集现象。

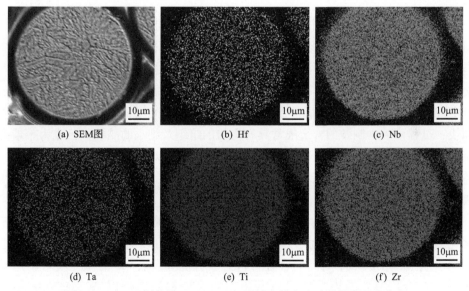

(a) SEM图　　　　　　　　(b) Hf　　　　　　　　(c) Nb

(d) Ta　　　　　　　　(e) Ti　　　　　　　　(f) Zr

图 4.43　PREP 制备的 HfNbTaTiZr 难熔高熵合金球形粉末元素分布

图 4.44 为 PREP 制备的 HfNbTaTiZr 难熔高熵合金球形粉末纳米压痕测试结果。PRER 制备的球形粉末的纳米硬度为 3.7GPa。通常材料本征屈服强度越大，其硬度也就越大，根据材料屈服强度能与晶粒尺寸之间的 Hall-Petch 关系可知，由于粉末微观组织细小，其具有优异的强度和硬度指标。

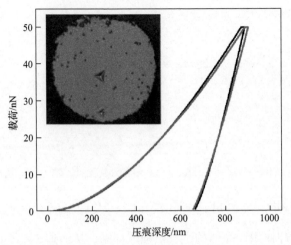

图 4.44　PREP 制备的 HfNbTaTiZr 难熔高熵合金球形粉末纳米压痕测试结果

4.4　难熔高熵合金激光成形技术

　　激光增材制造技术基于 3D 模型数据，利用高能激光束，以粉末、丝材为原料，结合"离散-堆积"成形原理直接或选区熔化成形，是一种智能集成、高效节能、清洁无污染的新型制造技术。图 4.45 为增材制造技术的原理示意图[13]。该方法加工自由度高、周期短、成本低、无须模具，不仅能设计多样的复杂形状，还能实现零部件的直接成形。相对传统的制造工艺，激光增材制造技术熔池小、凝固快、过程可控，制备的合金通常具有均匀的组织及细小的晶粒，已成为难熔高熵合金一体化成形最有前景的技术之一[14-16]。目前，难熔高熵合金的激光增材制造主要集中在以激光金属沉积为代表的直接能量沉积技术和以选区激光熔化为代表的粉末床熔化技术。

　　激光增材制造技术作为一种先进的制造方法，激光输入的高能量能够快速熔化 Nb、Mo、Ta、W 等高熔点元素，无须模具，可以实现宏观结构与微观组织同步制造，在成形难熔高熵合金材料上具有优势。表 4.6 为激光增材制造难熔高熵合金研究汇总[17-25]。可以看出，激光增材制造仍以 WTaMoNb 系和 NbZrTi 系两类经典难熔高熵合金为主，且主要集中于制备工艺简单、对原料要求低的激光熔覆沉积技术。

　　Kunce 等[22,23]采用 LENS 技术制备了 ZrTiVCrFeNi 和 TiZrNbMoV 难熔高熵合金，但仅研究了成形后合金块体的组织结构及储氢能力。其中，TiZrNbMoV 难熔高熵合金具有多相枝晶结构，激光重熔能够消除枝晶偏析，但同时会降低储氢量。

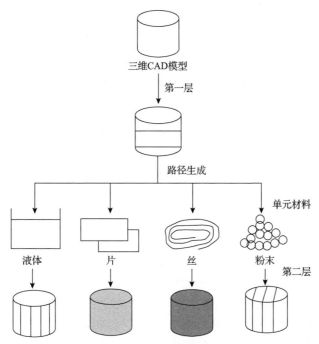

图 4.45　增材制造技术的原理示意图[13]

表 4.6　激光增材制造难熔高熵合金研究汇总

工艺	合金	物相	性能
LCD[17]	W$_x$NbMoTa ($x = 0, 0.16, 0.33, 0.53$)	BCC	硬度 459HV、476HV、485HV、497HV
LCD[18]	NbMoTaTi	BCC	硬度 397HV 抗压强度 1301MPa（室温） 抗压强度 347MPa（1000℃）
LMD[19]	NbMoTa	BCC	抗压强度 1140MPa（室温） 抗压强度 684MPa（1000℃）
LMD[20]	TiZrNbTa	BCC	硬度 230～400HV
LMD[21]	TiZrNbHfTa	BCC	硬度 509HV
LENS[22]	ZrTiVCrFeNi	C14Laves + α-Ti	储氢性能
LENS[23]	TiZrNbMoV	BCC + α-Zr	储氢性能
SLM[24]	WTaMoNb	BCC	硬度 828.6HV
SLM[25]	WMoTaTi	BCC + HCP	硬度 617.2HV

注：LMD 为激光金属沉积（laser metal deposition），LCD 为激光熔覆沉积（laser cladding deposition），SLM 为选区激光熔化（selective laser melting）。

Dobbelstein 等[26]以机械混合的 Mo、Nb、Ta、W 粉末为原料，采用激光金属沉积技术制备了 MoNbTaW 难熔高熵合金。由于元素熔点的差异，成形件内部有明显的成分偏析，但是未对微观组织与力学性能进行深入的研究。将混合后的 Mo、Nb、Ta、W 金属单质粉末使用激光熔化沉积和激光选区熔化两种方法成形，辅助感应加热技术，可以降低熔覆层与基体之间的温度差，使熔覆层与基体呈现良好的冶金结合[27]。由于激光的快速凝固特性和合金的晶格畸变效应，MoNbTaW 难熔高熵合金在显微组织上表现为晶粒细小、成分均匀，且在高温下展现出优异的力学性能，高于一些目前应用于航空航天工业的传统合金材料。与合金粉末相比，混合粉末会卷入气体，成形合金内部具有明显的孔隙，而 MoNbTaW 难熔高熵合金室温塑性较差，合金中也观察到了微裂纹和翘曲现象。为了解决这个问题，基于有限差分-有限元耦合的选区激光熔化成形工艺仿真，对超高温高熵合金成形过程中的应力-应变场进行模拟，有效解决了样件翘曲问题，为后续超高温高熵合金工艺窗口优化、开裂问题提供了解决方案。

图 4.46 为激光熔化沉积 TiZrNbHfTa 难熔高熵合金圆柱体。Dobbelstein 等[21]采用激光金属沉积技术在钛合金基板上制备了高 10mm、直径 3mm 的 TiZrNbHfTa 难熔高熵合金圆柱体。该合金具有单 BCC 相等轴晶结构，硬度为 509HV。随后，采用激光金属沉积技术制备了 TiZrNbTa 难熔高熵合金，用 Nb 粉逐步替代 Zr 粉，得到了从 $Ti_{25}Zr_{50}Nb_0Ta_{25}$ 难熔高熵合金到 $Ti_{25}Zr_0Nb_{50}Ta_{25}$ 难熔高熵合金的成分梯度变化。随着 Zr 和 Nb 含量的改变，合金系保持单 BCC 相不变，但是随着 Zr/Nb 摩尔比的增大，合金组织细化，硬度增加。此外，低激光功率沉积结合高激光功率重熔的策略可以有效消除元素熔点差异导致的成分偏析。

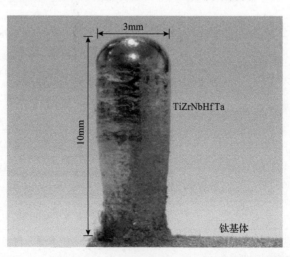

图 4.46　激光熔化沉积 TiZrNbHfTa 难熔高熵合金圆柱体

图 4.47 为激光熔化沉积 TiZrNbTa 难熔高熵合金元素分布。研究结果表明，激光金属沉积技术可以实现小尺寸试样生产和不同成分合金样品的高通量快速筛选。之后又将激光金属沉积技术与合金高通量试验思路相结合，利用原位合金化制备了五元 TiZrNbHfTa 及其四元、三元合金，实现了不同参数（如粉末形状、纯度、合金成分）对组织结构、内部缺陷及力学性能的影响研究，合金强度与原料粉末中的杂质含量有关。

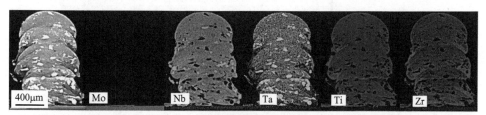

(a) 扫描速度600mm/min

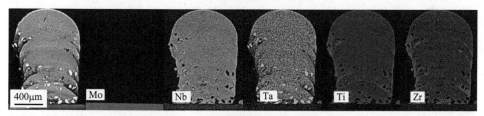

(b) 扫描速度100mm/min

(c) 扫描速度100mm/min（上端5mm）

图 4.47　激光熔化沉积 TiZrNbTa 难熔高熵合金元素分布

因此，通过工艺参数优化，激光增材制造技术可以实现难熔高熵合金强度与塑性的完美结合，而且有制造更大、结构更复杂零件的潜力。目前，有关激光增材制造技术成形难熔高熵合金的研究仍处于探索阶段，寻找有效控制成形过程中熔池高温度梯度的方法，避免热裂纹缺陷的产生是目前研究的重点，也是实现工业化应用的基础。

激光增材制造原位合金化是制备难熔高熵合金的一种新途径，为复杂零部件的设计与制造提供了极大的灵活性。其沉积过程涉及激光/金属粉末交互作用行为及能量吸收行为，其移动熔池中的冶金动力学行为直接决定了最终增材制造构件的冶金组织。采用激光熔覆技术在 Nb 基板上制备 NbMoTaWZr 难熔高熵合金，基板使用前采用普通砂纸去除表面的氧化膜，并用丙酮清洗干净，吹干后备用。

考虑到不同激光增材方式对粉末粒径的需求，激光金属沉积用熔覆粉末为喷雾造粒-等离子体球化粉末，使用设备为光纤激光成形加工系统，如图4.48所示。

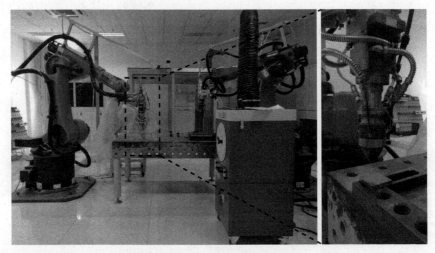

图4.48　光纤激光成形加工系统

　　影响激光成形覆层质量的因素很多，但可调节的参数并不是太多，一旦选定了激光器、送粉系统及相关硬件设施，大部分影响因素也就确定了。激光成形是一个复杂的光粉耦合过程，不能只单独考虑其中一个因素的影响。激光束与粉末的交互作用会引起激光能量的衰减，过大的能量衰减会导致熔池流动性变差，熔覆层与基体之间无法实现冶金结合，盲目地提高功率或减小送粉速度，有可能降低熔覆层的表面质量和加工效率。只有根据光束和粉末之间的相互制约关系综合判断，才可以比较准确地确定各工艺参数的匹配性，有利于获得质量较好的熔覆层。

　　表4.7为不同工艺参数的单道熔覆层形貌。可以看出，所列工艺参数均能形成连续有效的熔道。对比不同光粉耦合的熔覆层形貌、平整度和熔道饱满度可以看出，随着激光功率的增大，热输入增加，熔池内熔化的粉末增多，熔道宽度和高度均增加，但熔道两侧及表面依然存在不同程度的粉末颗粒附着在已凝固熔覆层表面的球化现象。这是因为激光能量呈高斯分布，这种分布使得熔道两侧的能量密度较低，热输入较少，团聚黏附的粉末颗粒无法完全熔化，未熔化粉末黏附在熔道表面，使表面变得粗糙，精度降低。此外，熔覆过程中，尤其是激光功率较大时，冷却过程中能够听到熔道骤热骤冷引起的裂纹声。这是因为激光光斑是一个移动的光源，沿着扫描方向能量逐渐累积，较大的温度梯度会引起较大的应力积累，累积的应力在冷却过程中释放，出现开裂声音。

表 4.7　不同工艺参数的单道熔覆层形貌

序号	激光功率/W	送粉量/(g/min)	宏观形貌
1	3000	8	
2	3500	8	
3	4000	8	
4	4500	8	
5	5000	8	
6	5500	8	
7	5000	5	
8	4500	5	
9	4000	5	
10	3500	5	
11	3000	5	
12	2500	5	

　　由于宏观形貌仅能明显分辨熔道的饱和度，为了进一步判断熔道的质量，依次采用 200#～3000#金相砂纸对激光成形熔道逐级打磨，并利用光学显微镜观察熔覆层形态。图 4.49 为不同工艺参数熔覆层形貌。可以看出，熔覆层与基体结合的弧形基面熔宽和熔深随着激光功率的增加而增加，这是因为激光能量密度越大，形成的熔池越大，熔池向内部和两侧铺展的能力增加。但是当能量密度过大时，熔覆层截面会有明显的裂纹，产生这种现象的原因是较高的能量密度会引起较大的温度梯度，在冷却时形成复杂的热应力，产生变形、裂纹等缺陷。若能量密度不足，稀释率降低，熔覆层与基体之间无法形成有效的冶金结合，结合性能差，熔覆层易脱落。综合熔宽、熔高、熔深及内部缺陷，激光功率为 3000W 时熔覆层的形貌、稀释率较优，但是当送粉量为 8g/min 时，送入的粉末较多，部分粉末得不到充分的能量而无法完全熔化，内部存在半熔融状态的未熔粉末颗粒，因此在接下来的试验中采用功率 3000W、送粉量 5g/min、扫描速度 5mm/s 的工艺参数。

　　图 4.50 为 NbMoTaWZr 难熔高熵合金单道熔覆层的组织特征。可以看出，熔覆层组织致密，没有气孔和裂纹等缺陷。熔覆层与基体之间存在一条明亮的细线，

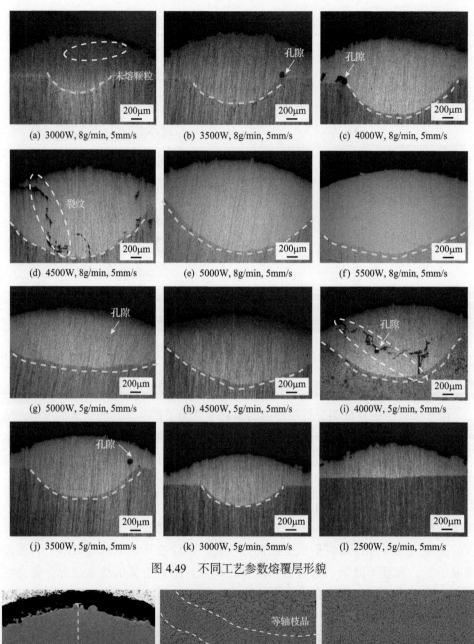

(a) 3000W, 8g/min, 5mm/s

(b) 3500W, 8g/min, 5mm/s

(c) 4000W, 8g/min, 5mm/s

(d) 4500W, 8g/min, 5mm/s

(e) 5000W, 8g/min, 5mm/s

(f) 5500W, 8g/min, 5mm/s

(g) 5000W, 5g/min, 5mm/s

(h) 4500W, 5g/min, 5mm/s

(i) 4000W, 5g/min, 5mm/s

(j) 3500W, 5g/min, 5mm/s

(k) 3000W, 5g/min, 5mm/s

(l) 2500W, 5g/min, 5mm/s

图 4.49　不同工艺参数熔覆层形貌

(a) 全貌

(b) 底部放大图

(c) 顶部放大图

图 4.50　NbMoTaWZr 难熔高熵合金单道熔覆层的组织特征

说明熔覆层与基体之间形成了良好的冶金结合。激光成形是一个高温加热过程，其微观组织的变化存在明显的梯度性。从图 4.50(b)可以看出，熔覆层下部主要由粗大的柱状枝晶、细化的树枝晶和等轴枝晶组成，显微组织结构的转变与熔覆层的冷却速度降低有关。由凝固理论[28]可知，在熔覆层下部，Nb 基体与高温状态的熔池之间温度梯度较大，此时界面生长速率 R 最小，结晶参数 G/R(G 为温度梯度)最大，柱状枝晶会优先生长，晶粒形核后优先沿着与最大热流相反的方向外延生长，故在该区域生长出垂直于结合界面的柱状枝晶。由熔覆层底部向内部移动，温度梯度逐渐减小，凝固速度逐渐增大，结晶参数 G/R 逐渐减小，晶粒没有足够的时间生长，因此在熔覆层底部至中部的过渡区域，晶体由粗大柱状枝晶转变为细小的柱状枝晶(虚线中间部分)。继续向熔覆层内部移动，在已凝固组织散热和保护气的共同作用下，热流方向发生改变，使得熔覆层中部晶体结构转变为等轴枝晶。至熔覆层上部，结晶参数 G/R 最小，此时成分过冷最大，大量晶核形成，最终形成大片连续生长的树枝晶。熔覆层不同区域形成枝晶的高度差、密度差均与温度梯度有关。

此外，显微组织的尺寸大小与冷却速度有关，冷却速度越快，组织越细，反之，组织会发生明显的粗化。图 4.51 为温度梯度 G 和界面生长速率 R 对凝固组织形貌和尺寸的影响规律[29]。可以看出，NbMoTaWZr 难熔高熵合金单道熔覆区域组织演变方式与温度梯度和界面生长速率的影响趋势相符。图 4.52 为 NbMoTaWZr 难熔高熵合金单道熔覆层的 EBSD 分析。可以看出，熔覆层的晶粒没有特定的取向，晶粒的形状大小与图 4.50 基本一致。

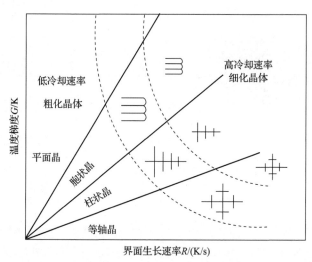

图 4.51　温度梯度 G 和界面生长速率 R 对凝固组织形貌和尺寸的影响规律[29]

图 4.52　NbMoTaWZr 难熔高熵合金单道熔覆层的 EBSD 分析

　　图 4.53 为激光成形 NbMoTaWZr 难熔高熵合金多层立体结构取样位置示意图及不同位置的 XRD 图。由于采取了合理的层高抬升及能量输入，图 4.53(a)中的多层立体结构上下粗细均匀，两端基本保持平直，没有明显的凸起或凹陷。但是不可忽视的是多层立体结构表面有氧化皮的生成，虽然试验在保护气氛(氩气)中进行，也采用氧分析仪实时监测氧含量，但是成形过程中熔覆层的热量向下传输，已熔覆层不断经历回火和时效，反复的升温、降温热循环使难熔元素的氧化难以避免，这也是未来难熔高熵合金成形过程中亟待解决的问题。由于激光成形是一个温度变化的复杂过程，这个过程中可能会存在相结构的改变，因此依次选取多层立体结构上(A)、中(B)、下(C)三个位置来探究物相组成。从图 4.53(b)可以看出，NbMoTaWZr 难熔高熵合金多层立体结构在三个位置的物相基本相同，主要

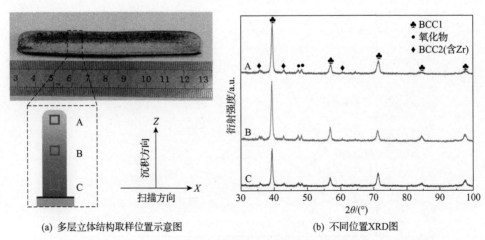

(a) 多层立体结构取样位置示意图　　　　　　　(b) 不同位置XRD图

图 4.53　激光成形 NbMoTaWZr 难熔高熵合金多层立体结构取样位置示意图
及不同位置的 XRD 图

包括 BCC1 相、BCC2 相和少量氧化物。相比较而言，底部由于靠近基体，且随着多层立体结构高度增加，上层向下传输的热量影响变小，氧化物的衍射峰较弱。由衍射峰的位置可以计算出 BCC1 相和 BCC2 相的晶格常数分别为 0.324nm 和 0.350nm。

图 4.54 为激光成形 NbMoTaWZr 难熔高熵合金多层立体结构在 A、B、C 三个位置的组织形貌。可以看出，熔覆层具有典型的树枝晶结构，即由晶内和晶间组成。出现这种现象的原因主要考虑两方面，一方面是元素熔点差异较大，高熔点元素率先凝固，低熔点元素则围绕高熔点元素凝固析出形成枝晶结构；另一方面是 Zr 元素的原子半径较大，固溶时 Zr 元素很容易达到饱和而发生偏析。同时 Zr 元素的晶体类型与其他元素不同，这也在一定程度上阻碍了 Zr 元素与其他元素继续固溶。由于激光成形过程中熔化凝固速度极快，与传统熔炼方法相比，覆层中各元素固溶程度较高，晶间 Zr 元素偏析较少。由于多层立体结构堆叠过程中层与层之间的搭接、前一熔覆层上表面的重熔及层间的热交换作用，其组织结构演化与单道熔覆有明显的差异。相对于 B 和 C 位置，多层立体结构顶部 A 位置的晶粒有明显的粗化，这主要与激光成形多层立体结构的反复加热及凝固差异有关。开始熔覆时，基体温度较低，热量可以向四周散失，熔池温度不高，即使沉积数层后，热量积累也不是很多，晶粒较为细小。继续熔覆，熔覆层热量积累，温度升高，冷却速度变快，但是由于只能通过前熔覆层和气氛进行热量传导，散热减弱，晶粒尺寸变化不大。到了熔覆层顶部，靠近高能激光束，熔池温度最高，冷却速度最快，晶粒应该更加细小，但是由于整个多层立体结构温度很高，冷却散热较慢，顶部细小的晶粒要经历较长的保温时间，从而导致顶部组织结构明显粗化。

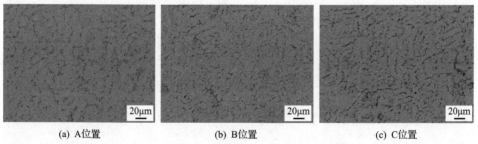

(a) A位置　　　　　　　　(b) B位置　　　　　　　　(c) C位置

图 4.54　激光成形 NbMoTaWZr 难熔高熵合金多层立体结构在 A、B、C 三个位置的组织形貌

图 4.55 为激光成形 NbMoTaWZr 难熔高熵合金多层立体结构中 A、B、C 三个位置的 EBSD 分析。可以看出，整个熔覆层的组织结构没有特定的晶体取向。相分布图进一步验证了多层立体结构的凝固特征，顶部冷却速度最快，BCC2 相析出最少，熔覆层中下部冷却速度较慢，BCC2 相析出较多，但是不管 BCC2 相析出多少，整个结构仍以 BCC 相为主，这与图 4.53 中 XRD 结果相一致。

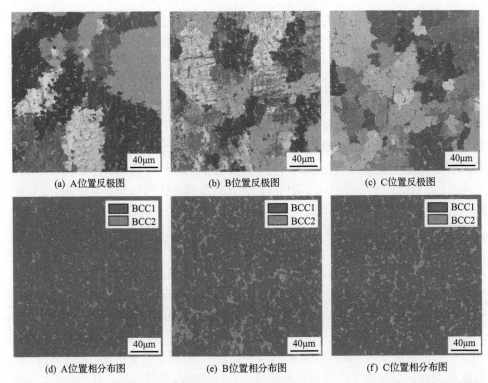

(a) A位置反极图　　　　　　　(b) B位置反极图　　　　　　　(c) C位置反极图

(d) A位置相分布图　　　　　(e) B位置相分布图　　　　　(f) C位置相分布图

图 4.55　激光成形 NbMoTaWZr 难熔高熵合金多层立体结构中 A、B、C 三个位置的 EBSD 分析

图 4.56 为激光成形 NbMoTaWZr 难熔高熵合金多层立体结构的高角环形暗场像及相应元素分布图。可以看出，熔覆层内部含有两种不同衬度的相，即 BCC1相和 BCC2 相，且 BCC2 相被 BCC1 相包围，结合元素分布可知，被 BCC1 相包围的晶间 BCC2 相为 Zr 元素，这与 XRD 和 EBSD 的分析结果一致。

熔覆层内部的组织结构对合金性能有着至关重要的影响。图 4.57 为激光成形 NbMoTaWZr 难熔高熵合金多层立体结构的 TEM 表征结果。从图 4.57（a）可以看出，熔覆层内部含有两种不同衬度的区域，并且具有明显的孪晶条带。孪晶是金

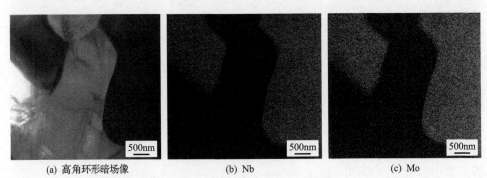

(a) 高角环形暗场像　　　　　　　(b) Nb　　　　　　　　　(c) Mo

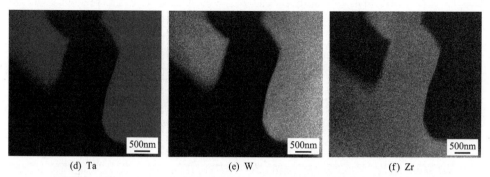

(d) Ta   (e) W   (f) Zr

图 4.56 激光成形 NbMoTaWZr 难熔高熵合金多层立体结构的高角环形暗场像及相应元素分布图

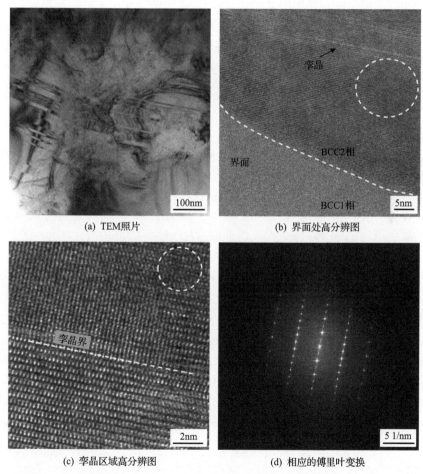

(a) TEM照片   (b) 界面处高分辨图

(c) 孪晶区域高分辨图   (d) 相应的傅里叶变换

图 4.57 激光成形 NbMoTaWZr 难熔高熵合金多层立体结构的 TEM 表征结果

属塑性变形的典型特征，孪晶的形成能够进一步实现应变硬化和材料的增韧。从图 4.57(b)可以看出明显的孪晶条纹，孪晶周围显示出具有高密度位错的特征，这在传统加工难熔高熵合金中很少观察到。因为单层孪生位错机制被认为是很难实现的，这与激光增材制造固有的热循环和快速凝固特征有关，激光增材制造过程中累积的应力激活了孪晶、位错并形成微带。低能孪晶界可以有效阻碍和传输位错，以提供出色的强度和良好的延展性，这在密排六方的纯 Ti 合金中已经得到证实[30]。从图 4.57(c)可以看出孪晶的对称结构以及原子错排现象，孪晶是一个重新定向过程，作为一种独特的变形模式，不仅能动态地改变局部晶格取向，同时还能够调整晶界结构。伴随孪晶生成的晶界结构和几何结构能够极大地调整晶界迁移率并促进晶界塑性，在调节结构、细化晶粒、提高力学性能方面显示出巨大的潜力。相应的傅里叶变换如图 4.57(d)所示，进一步证实了孪晶的存在。

综上所述，可以利用激光增材制造固有的高加热、快冷却来实现独特的微观结构，以获得卓越的力学性能。NbMoTaWZr 难熔高熵合金熔覆层包含位错、孪晶、元素偏析和独特的凝固结构，对这些微观结构的深入了解将拓展合金的进一步应用，以实现传统加工方法无法获得的综合性能。

参 考 文 献

[1] Han C J, Fang Q H, Shi Y S, et al. Recent advances on high-entropy alloys for 3D printing. Advanced Materials, 2020, 32(26): 1903855.

[2] Ramavath P, Papitha R, Ramesh M, et al. Effect of primary particle size on spray formation, morphology and internal structure of alumina granules and elucidation of flowability and compaction behaviour. Processing and Application of Ceramics, 2014, 8(2): 93-99.

[3] 王鑫, 万义兴, 张平, 等. 难熔高熵合金 NbMoTaWTi/Zr 的高温氧化行为. 材料工程, 2021, 49(12): 100-106.

[4] 张恒, 沈化森, 车小奎, 等. 氢化-脱氢法制备锆粉工艺研究. 稀有金属, 2011, 35(3): 417-421.

[5] Grant N J. Rapid solidification of metallic particulates. Journal of Metals, 1983, 35(1): 20-27.

[6] Iqbal Z, Merah N, Nouari S, et al. Investigation of wear characteristics of spark plasma sintered W-25wt%Re alloy and W-25wt%Re-3.2wt%HfC composite. Tribology International, 2017, 116: 129-137.

[7] Xia M, Chen Y X, Chen K W, et al. Synthesis of WTaMoNbZr refractory high-entropy alloy powder by plasma spheroidization process for additive manufacturing. Journal of Alloys and Compounds, 2022, 917: 165501.

[8] Huang Y H, Gao J H, Wang S Z, et al. Influence of tantalum composition on mechanical behavior and deformation mechanisms of TiZrHfTa$_x$ high entropy alloys. Journal of Alloys and

Compounds, 2022, 903: 163796.

[9] Chen Y, Zhang J Y, Wang B, et al. Comparative study of IN600 superalloy produced by two powder metallurgy technologies: Argon atomizing and plasma rotating electrode process. Vacuum, 2018, 156: 302-309.

[10] Xia M, Chen Y X, Wang R, et al. Fabrication of spherical MoNbTaWZr refractory high-entropy powders by spray granulation combined with plasma spheroidization. Journal of Alloys and Compounds, 2023, 931: 167542.

[11] 顾涛, 汪礼敏, 胡强, 等. 喷雾干燥结合等离子球化法制备 NbMoTaWZr-HfC 粉末的特性与组织演变研究. 稀有金属材料与工程, 2023, 52(6): 2161-2168.

[12] 杨星波, 朱纪磊, 陈斌科, 等. 等离子旋转电极雾化技术及粉末粒度控制研究现状. 粉末冶金工业, 2022, 32(2): 90-95.

[13] Zhai Y W, Lados D A, LaGoy J L. Additive manufacturing: Making imagination the major limitation. JOM, 2014, 66(5): 808-816.

[14] Zhang M N, Zhou X L, Yu X N, et al. Synthesis and characterization of refractory TiZrNbWMo high-entropy alloy coating by laser cladding. Surface and Coatings Technology, 2017, 311: 321-329.

[15] Kok Y, Tan X P, Wang P, et al. Anisotropy and heterogeneity of microstructure and mechanical properties in metal additive manufacturing: A critical review. Materials & Design, 2018, 139: 565-586.

[16] Melia M A, Whetten S R, Puckett R, et al. High-throughput additive manufacturing and characterization of refractory high entropy alloys. Applied Materials Today, 2020, 19: 100560.

[17] Li Q Y, Zhang H, Li D C, et al. W_xNbMoTa refractory high-entropy alloys fabricated by laser cladding deposition. Materials, 2019, 12(3): 533.

[18] 李青宇, 李涤尘, 张航, 等. 激光熔覆沉积成形 NbMoTaTi 难熔高熵合金的组织与强度研究. 航空制造技术, 2018, 61(10): 61-67.

[19] Li Q Y, Zhang H, Li D C, et al. Comparative study of the microstructures and mechanical properties of laser metal deposited and vacuum arc melted refractory NbMoTa medium-entropy alloy. International Journal of Refractory Metals and Hard Materials, 2020, 88: 105195.

[20] Dobbelstein H, Gurevich E L, George E P, et al. Laser metal deposition of compositionally graded TiZrNbTa refractory high-entropy alloys using elemental powder blends. Additive Manufacturing, 2019, 25: 252-262.

[21] Dobbelstein H, Gurevich E L, George E P, et al. Laser metal deposition of a refractory TiZrNbHfTa high-entropy alloy. Additive Manufacturing, 2018, 24: 386-390.

[22] Kunce I, Polanski M, Bystrzycki J. Structure and hydrogen storage properties of a high entropy ZrTiVCrFeNi alloy synthesized using laser engineered net shaping (LENS). International

Journal of Hydrogen Energy, 2013, 38 (27) : 12180-12189.

[23] Kunce I, Polanski M, Bystrzycki J. Microstructure and hydrogen storage properties of a TiZrNbMoV high entropy alloy synthesized using laser engineered net shaping (LENS). International Journal of Hydrogen Energy, 2014, 39 (18) : 9904-9910.

[24] Zhang H, Zhao Y Z, Huang S, et al. Manufacturing and analysis of high-performance refractory high-entropy alloy via selective laser melting (SLM). Materials, 2019, 12 (5) : 720.

[25] Liu C, Zhu K Y, Ding W W, et al. Additive manufacturing of WMoTaTi refractory high-entropy alloy by employing fluidised powders. Powder Metallurgy, 2022, 65 (5) : 413-425.

[26] Dobbelstein H, Thiele M, Gurevich E L, et al. Direct metal deposition of refractory high entropy alloy MoNbTaW. Physics Procedia, 2016, 83: 624-633.

[27] Zhang H, Xu W, Xu Y, et al. The thermal-mechanical behavior of WTaMoNb high-entropy alloy via selective laser melting (SLM): Experiment and simulation. The International Journal of Advanced Manufacturing Technology, 2018, 96 (1) : 461-474.

[28] Turnbull D. Formation of crystal nuclei in liquid metals. Journal of Applied Physics, 1950, 21 (10) : 1022-1028.

[29] Wang N, Mokadem S, Rappaz M, et al. Solidification cracking of superalloy single- and bi-crystals. Acta Materialia, 2004, 52 (11) : 3173-3182.

[30] Zhu Y M, Zhang K, Meng Z C, et al. Ultrastrong nanotwinned titanium alloys through additive manufacturing. Nature Materials, 2022, 21: 1258-1262.

第5章 难熔高熵合金薄膜制备技术

5.1 难熔高熵合金薄膜研究概述

高熵合金薄膜是基于高熵合金理念的一种低维度形态的材料，通常厚度在几十微米以内，即一种由多个主元组成且具有高混合熵的薄膜材料，同样具有高熵效应、缓慢扩散效应、晶格畸变效应和"鸡尾酒"效应等特点。Chen 等[1]以FeCoNiCrCuAlMn 和 FeCoNiCrCuAl$_{0.5}$合金作为靶材，首次利用磁控溅射沉积技术成功制备了高熵合金及其氮化物薄膜，并探究了薄膜的晶体结构、电阻率、表面粗糙度等的变化。Lai 等[2]采用反应射频磁控溅射沉积技术制备了 AlCrTaTiZr 难熔高熵合金氮化物薄膜，并研究了氮气流率对薄膜化学成分、微观结构和力学性能的影响。Huang 等[3]首次采用磁控溅射沉积技术制备了 AlCoCrCu$_{0.5}$NiFe 高熵合金氧化物薄膜。随后，Yao 等[4]采用恒电位电沉积法制备了 BiFeCoNiMn 高熵合金薄膜，并研究了薄膜的磁性能。Tsai 等[5,6]先后研究了 AlMoNbSiTaTiVZr 和 NbSiTaTiZr 两种难熔高熵合金薄膜作为扩散阻挡材料使用的性能。Braic 等[7]在 Ar + CH$_4$ 的气氛中，采用反应磁控溅射沉积技术成功制备了(TiAlCrNbY)C 难熔高熵合金碳化物薄膜，研究了薄膜的化学成分、相组成、化学键、织构、形貌、残余应力、表面粗糙度、硬度和摩擦磨损行为。随着人们对高熵合金薄膜综合性能的不断发掘，该类材料的体系不断丰富。按照薄膜材料的成分组成可以分为两类：一类是完全由金属元素组成的高熵合金薄膜；另一类是在合金薄膜中引入 C、N、O 等非金属元素形成的高熵合金碳化物、氮化物和氧化物等薄膜。高熵合金薄膜材料不仅展现出与高熵合金块体材料相似的优异性能，如优异的耐腐蚀和抗高温氧化性能以及良好的电学、磁学性能，甚至在一些性能上优于块体材料，如高的硬度、强度和弹性模量。Liao 等[8]的研究结果表明，CoCrFeNiAl$_{0.3}$高熵合金薄膜的硬度约为相同成分合金块体的 4 倍。因此，高熵合金薄膜材料在许多领域都具有良好的应用前景。

难熔金属和合金对于现代工业至关重要，如核反应堆、飞机涡轮机、航天发动机等。难熔高熵合金薄膜的组成元素均为熔点大于 1650℃ 的难熔金属，如 Nb、Mo、Ta 和 W 等，有时添加 Al、N 等非难熔元素。因为耐热涂层材料的熔点越高，高温化学稳定性越好，在高温下不会发生分解或相变，所以难熔高熵合金薄膜熔点高，同时具有显著的高熵效应、晶格畸变效应和缓慢扩散效应，相比传统合金薄膜，其晶体结构简单，具有更好的热稳定性。Tsai 等[9]采用反应磁控溅射法制备了（AlMoNbSiTaTiVZr）$_{50}$N$_{50}$难熔高熵合金氮化物薄膜。沉积态薄膜为非晶结构，经 850℃退火 30min 后，薄膜晶体结构没有发生变化。原因是严重的晶格畸变效应减小了元素的扩散动力，并且主元数较多导致很高的堆积密度，没有足够的自由体积空间进行扩散。Firstov 等[10]采用真空电弧沉积法制备了（TiVZrNbHf）N 难熔高熵合金氮化物薄膜，该薄膜的硬度为 64GPa；在 1100℃退火 10h 后，薄膜的晶体结构没有发生变化，硬度仍可保持 44GPa，表现出极好的强韧性和高温稳定性。Peng 等[11]发现 TiVCrZrHf 难熔高熵合金薄膜在退火至 600℃时可以延缓 Cu 薄膜中的相互扩散，并由于其高熵效应和有限的扩散动力学而保持稳定的非晶结构。TiVCrZrHf 难熔高熵合金薄膜优异的热稳定性和结构稳定性表明它是用于 Cu 互连的潜在候选阻挡材料。Tunes 等[12]在室温下使用离子束溅射沉积法沉积接近等原子组成的 NbTaMoW 难熔高熵合金薄膜，纳米压痕结果表明薄膜的硬度为 22.8GPa，纳米划痕结果则表明薄膜在拥有如此高的硬度的同时也具有很高的抗开裂和分层性能。这表明薄膜具有高机械损伤容限，可被视为未来在极端环境中应用的候选硬涂层。Tuten 等[13]的研究结果表明，TiTaHfNbZr 难熔高熵合金薄膜不仅形成了与 Ti-6Al-4V 基板机械兼容的均匀致密涂层，还提供了显著增强的表面抗磨损和开裂保护，这在长期承受动态的骨科植入物中尤其有价值。Feng 等[14]采用磁控溅射法制备了 NbMoTaW 难熔高熵合金薄膜。沉积态薄膜为 BCC 结构，经 800℃退火 6h 后，薄膜晶体结构没有发生变化，晶粒尺寸略微增大，但硬度却显著提高。原因是薄膜晶界处存在的 O 元素诱导形成了非晶晶间薄膜，可以减少体系的超额自由能，有利于稳定退火态微观组织。由此可知，相比传统合金薄膜，难熔高熵合金薄膜的晶体结构简单，具有更好的热稳定性及优异的机械和物理性能，也得到了广泛的研究。

5.2　难熔高熵合金薄膜制备方法

薄膜的本质是原子、分子或离子沉积在基底表面形成的二维材料，其厚度一般为微米或者纳米级别。随着研究的深入，逐步发展出多种不同的薄膜材料制备方法。微米或纳米尺度的高熵合金薄膜的主要制备方法是物理气相沉积法，它是指先将材料使用某种物理方式高能气化，产生气相原子、分子或者离子，再经过输运在基底表面沉积形成金属、非金属或化合物薄膜的过程，如磁控溅射、真空蒸发镀膜和离子镀膜等。

磁控溅射工艺是目前制备难熔高熵合金薄膜材料最广泛使用的方法，其原理是利用腔室内高压作用产生的离子去轰击合金靶材，被高能离子撞击出的靶材原子或分子沉积在基底材料上而形成薄膜。图 5.1 为磁控溅射工艺原理图。根据靶材数量，难熔高熵合金薄膜磁控溅射沉积方法可分为单靶溅射和多靶溅射。单靶溅射的靶材可以是合金靶、复合靶或者镶嵌靶。Tuten 等[13]采用单靶射频磁控溅射法制备 TiTaHfNbZr 难熔高熵合金薄膜时，使用的靶材即为高纯度的相同成分的高熵合金块体材料，该靶材使用真空电弧熔炼制备而成。多靶溅射则采用多个靶材共同溅射，根据组元的物理性质、原子半径等特点，这些靶材可以是纯金属靶，也可以是二元或者多元合金靶材。Feng 等[15]在利用多靶磁控溅射方法制备 ZrNbTaTiW 难熔高熵合金薄膜时采用了三个靶材共沉积的方式，其中两个为合金靶材，一个为纯锆靶材。多靶溅射的制备方式使得磁控溅射工艺变得更加灵活，克服了某些高熵合金靶材不易制备的困难，并且可以调节靶材的功率、靶材的位置和靶材的组合，以实现调整薄膜化学成分的目的。

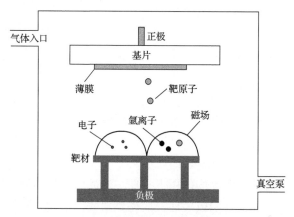

图 5.1　磁控溅射工艺原理图

磁控溅射沉积技术制备高熵合金薄膜具有如下几个特点：①溅射沉积制备薄膜时，无法达到熔炼块体合金时所能达到的平衡状态；②薄膜厚度仅几微米，冷却速度非常快，抑制了晶粒的形核和长大，有利于形成纳米晶或者非晶结构；③在溅射沉积过程中，改变靶材的化学成分和调节制备工艺参数，即可实现对薄膜化学成分、晶体结构以及综合性能的调控；④可在沉积过程中通入反应性气体（如 N_2、O_2 或碳氢化合物）实现反应溅射，使其与溅射粒子进行化学反应，生成性能更优异的高熵合金氮化物、氧化物或碳化物薄膜。

目前磁控溅射沉积设备最常使用的电源有直流和射频两种形式，二者的不同之处在于：直流溅射仅能使用导体材料作为靶材，而射频溅射可以使用绝缘材料作为靶材。此外，高功率脉冲磁控溅射是在普通磁控溅射的基础上采用脉冲电源的一种技术，该技术可以使溅射靶材原子高度离子化，也逐渐应用于高熵合金薄膜的制备。高功率脉冲磁控溅射技术能够提供高密度等离子体，可使溅射粒子具有更宽的能量分布，进而对生长薄膜进行强烈的高能粒子轰击，以提高原子迁移率。因此，与传统的直流磁控溅射沉积制备的薄膜相比，该方法制备的薄膜具有更高的硬度和致密性、更好的界面结合力和更低的表面粗糙度。

真空蒸发镀膜是在真空条件下用蒸发器加热待蒸发物质,使其气化并向基底输运,在基底上冷凝形成固态薄膜的过程。Bagdasaryan 等[16]采用真空蒸发镀膜的方法制备了(TiZrNbHfTa)N/WN 难熔高熵合金多层立体结构氮化物薄膜,研究了基底偏压对薄膜力学性能和晶体结构的影响。

离子镀膜是在真空条件下,应用气体放电或被蒸发材料的电离,在气体离子或被蒸发物离子的轰击下,将蒸发物或反应物沉积在基底上形成薄膜。Pogrebnjak 等[17]采用阴极真空电弧气相沉积法制备了(TiZrHfVNbTa)N 难熔高熵合金氮化物薄膜,研究了薄膜的表面形貌、粗糙度、元素和相组成、微观结构和力学性能。

此外,高熵合金薄膜也可以使用其他方法制备,如脉冲激光沉积法和电化学沉积法。脉冲激光沉积是一种广泛用于沉积金属、合金和其他化合物薄膜的技术,特别适用于多元素薄膜的沉积,因为它具有在单个步骤中将材料整体从靶材转移到薄膜的能力。与磁控溅射沉积相比,脉冲激光沉积薄膜的成分与靶材成分具有更好的一致性,并且沉积能量直接来自真空室确保不引入杂质,因此脉冲激光沉积在高熵合金薄膜制备方面也具有很大的发展前景。值得关注的是,激光能量较高,在制备高熵合金薄膜和其他类型薄膜时,由于金属液滴的飞溅,容易在薄膜表面沉积形成小颗粒,影响薄膜表面质量。

电化学沉积技术是指在电场作用下,在一定的电解质溶液中发生氧化还原反应,使溶液中的离子沉积到阴极表面上而得到薄膜。电化学沉积不需要复杂的设备和昂贵的原料,可以在较低的加工温度和能耗下,在具有复杂几何形状的基底表面上实现低成本制备高熵合金薄膜;而且通过改变沉积参数可以控制薄膜的成分、形貌和厚度。但是电化学沉积技术目前应用于高熵合金薄膜的制备仍然较少,其主要原因是存在以下两个限制因素:一是需要寻找合适的络合剂,使多种离子同时溶解于电解液中;二是不同金属元素的还原电位差异较大,也导致很难用电化学沉积技术制备出均匀的高熵合金薄膜。目前电化学沉积制备高熵合金薄膜仍然处于起步阶段,为此需进行大量的试验探索。

综上所述,面对材料成分筛选和制备效率的提升需求,多靶磁控溅射和高功率脉冲磁控溅射将成为更有潜力的高熵合金薄膜制备方法。

5.3 难熔高熵合金薄膜性能特点

5.3.1 力学性能

难熔高熵合金薄膜和化合物薄膜具有优异的力学性能,如较高的硬度、强度和弹性模量等，吸引了广泛关注。图 5.2 为难熔高熵合金薄膜与其他材料的力学性能比较。与传统的合金和非晶材料相比，难熔高熵合金薄膜在硬度和杨氏模量方面展现出了明显的优势[18]。

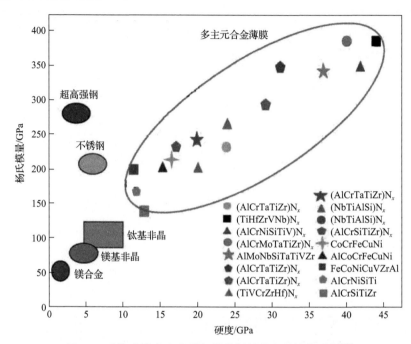

图 5.2　难熔高熵合金薄膜与其他材料的力学性能比较[18]

　　难熔高熵合金薄膜具有优异力学性能的原因可归纳为以下四个方面：第一，固溶强化作用。难熔高熵合金薄膜本身由不同原子尺寸的元素组成，具有显著的晶格畸变，因而会产生更大程度的固溶强化效果。另外，小尺寸 B、C、N、O 和 Si 等元素可以填充在晶格的间隙位置，使薄膜结构致密，起到更强的固溶强化作用。第二，难熔高熵合金化合物薄膜中 C、N 和 O 等与金属元素之间的强共价键作用。金属元素与 C、N 和 O 之间形成的共价键强于金属与金属之间形成的金属键，使薄膜的硬度得到增强。第三，细晶强化作用。难熔高熵合金薄膜的晶格畸变效应以及合理调控制备工艺参数，可以使薄膜获得细小的晶粒，起到细晶强化作用。第四，残余应力的影响。磁控溅射沉积制备的高熵合金碳化物和氮化物薄膜一般具有残余压缩应力，而残余压缩应力可以提高薄膜的硬度。

　　采用直流多靶磁控溅射方法制备了一系列 Nb-Ta-W 多主元合金薄膜。图 5.3 为 Nb-Ta-W 合金薄膜的晶体结构。较宽成分范围的 Nb-Ta-W 合金薄膜形成了单 BCC 相固溶体结构，这表明三元多主元合金也可以形成单相固溶体结构。组成 Nb-Ta-W 合金薄膜的三个基本元素的相似程度较高，Nb、Ta 和 W 三种元素都是 BCC 晶体结构，它们的原子半径分别为 0.143nm、0.143nm 和 0.137nm，三者的原子半径接近，有利于三种元素在晶格中随机分配；同时三种元素互相之间也都可以形成无限互溶的并且具有 BCC 固溶体结构的二元合金，这就为 Nb-Ta-W 合金薄膜形成单 BCC 相固溶体结构提供了晶体学基础。另一方面，多主元合金的高熵效应可以促进合金体系形成单相固溶体结构。另外，缓慢扩散效应和磁控溅射的"快速淬火"效应同样有利于三元合金形成简单的固溶体结构。

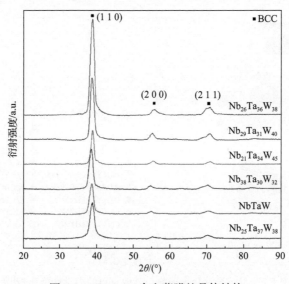

图 5.3　Nb-Ta-W 合金薄膜的晶体结构

图 5.4 为 Nb-Ta-W 合金薄膜的表面形貌和截面形貌。从表面形貌可以看出，Nb-Ta-W 合金薄膜的表面呈现出完整的层片状结构并且表面层片状组织逐渐粗化。当 Nb、Ta 和 W 三个靶材的总溅射功率在所有薄膜中最小时，得到的 Nb$_{25}$Ta$_{37}$W$_{38}$ 薄膜表面呈现出在平坦基体上均匀分布着由层片状晶粒聚集而成的小岛，即出现了岛状结构。随着靶材总溅射功率的增加，薄膜表面岛状生长方式消失，呈现出完整的层片状结构，并且层片状组织逐渐粗化。这表明随着靶材总溅射功率的增加，薄膜表面吸附原子的迁移率增强，从而加速了晶粒的形核和长大。从截面形貌可以看出，Nb-Ta-W 合金薄膜截面致密，无裂纹或气孔等缺陷，呈现出清晰的双层结构的生长特征。所有 Nb-Ta-W 合金薄膜靠近基底的一侧形成了无明显结晶特征的致密结构层；靠近表面的上层则是典型的柱状晶结构。这是由于 Nb-Ta-W 合金薄膜的晶格常数和单晶硅基底之间的晶格错配度较大以及刚开始沉积时较低的基底温度使原子难以扩散和形核，因此薄膜以非晶结构(将在图 5.5 中得到证实)在基底上生长。随着沉积时间的增加，薄

膜厚度逐渐增加，基底对薄膜晶粒形核的影响逐渐减小，因而薄膜又以柱状晶结构生长。

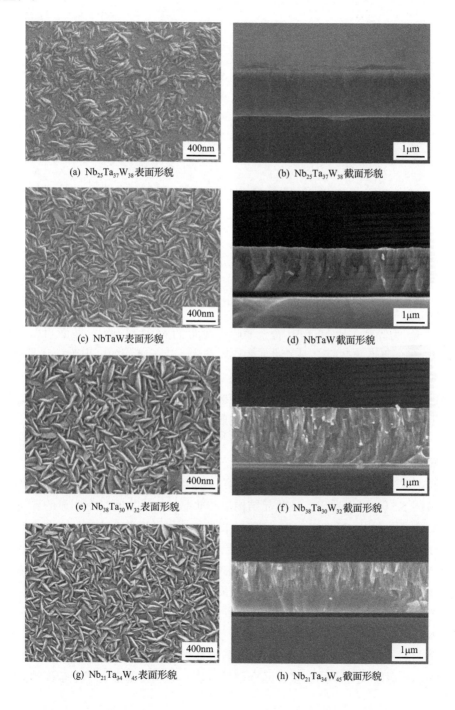

(a) $Nb_{25}Ta_{37}W_{38}$表面形貌

(b) $Nb_{25}Ta_{37}W_{38}$截面形貌

(c) NbTaW表面形貌

(d) NbTaW截面形貌

(e) $Nb_{38}Ta_{30}W_{32}$表面形貌

(f) $Nb_{38}Ta_{30}W_{32}$截面形貌

(g) $Nb_{21}Ta_{34}W_{45}$表面形貌

(h) $Nb_{21}Ta_{34}W_{45}$截面形貌

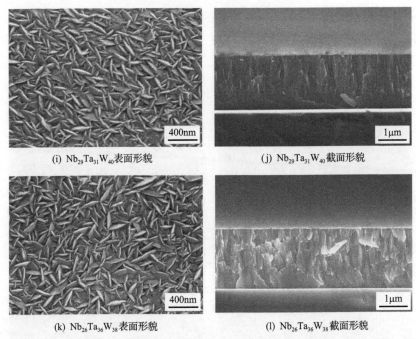

(i) $Nb_{29}Ta_{31}W_{40}$表面形貌

(j) $Nb_{29}Ta_{31}W_{40}$截面形貌

(k) $Nb_{26}Ta_{36}W_{38}$表面形貌

(l) $Nb_{26}Ta_{36}W_{38}$截面形貌

图 5.4 Nb-Ta-W 合金薄膜的表面形貌和截面形貌

图 5.5 为等摩尔比 NbTaW 合金薄膜的截面 TEM 微观组织。截面明场像中，NbTaW 合金薄膜的截面出现了清晰的双层结构，靠近表面的一层为柱状晶结构，靠近单晶硅基底的一层无任何结晶特征，在明场中呈现一片黑色衬度。图 5.5(b)的选区电子衍射(selected area electron diffraction, SAED)花样中，NbTaW 合金薄膜截面上层为典型的 BCC 固溶体结构，衍射花样呈现出与(1 1 0)、(2 0 0)和(2 1 1)晶面对应的几个清晰的衍射环。图 5.5(c)的 SAED 花样则显示没有任何衍射斑点的扩散光晕，这是典型的非晶态结构。TEM 的观察结果进一步证实了 FE-SEM 观察到的截面双层结构(图 5.4)分别为 BCC 固溶体结构层和非晶结构层。从图 5.5(d)可以看出，柱状晶结构层和非晶结构层之间具有明显的界面。从图 5.5(a)可以看出，NbTaW 合金薄膜的非晶结构层厚度约为 800nm。图 5.5(e)和(f)分别为 NbTaW 合金薄膜截面上下两层对应区域的高分辨像，根据不同结构的高分辨像可以进一步确认薄膜截面是由 BCC 晶体层和非晶层组成的双层结构。

图 5.6 为 Nb-Ta-W 合金薄膜的纳米压痕硬度和杨氏模量。可以看出，Nb-Ta-W 合金薄膜具有很高的硬度和杨氏模量，硬度超过 25GPa，杨氏模量超过 290GPa，其中 $Nb_{21}Ta_{34}W_{45}$ 合金薄膜的硬度和杨氏模量最高，分别为 29.1GPa 和 324.5GPa。这主要归因于以下几方面：①固溶强化效应对硬度起着至关重要的作用。由于主元数量多且原子尺寸不同，多主元合金具有显著的晶格畸变，产生较强的固溶强

化效果。②多靶磁控共溅射制备的薄膜化学成分均匀、微观结构致密无缺陷，保证了整个薄膜力学性能的均匀性和可靠性。③细晶强化的作用。纳米晶金属通常有非常高的强度和硬度，而 Nb-Ta-W 合金薄膜的平均晶粒尺寸在 16～30nm，具

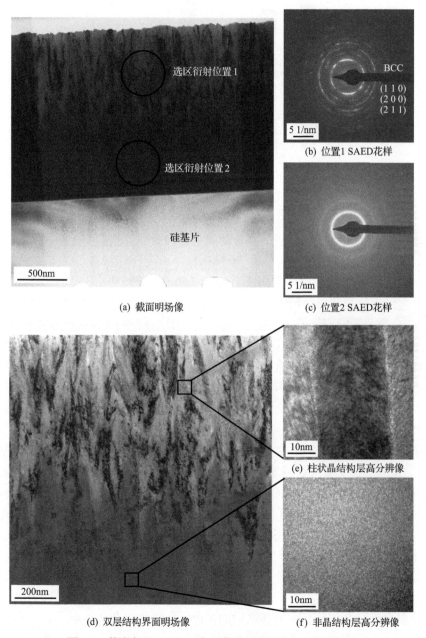

图 5.5　等摩尔比 NbTaW 合金薄膜的截面 TEM 微观组织

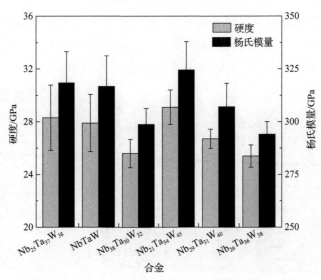

图 5.6 Nb-Ta-W 合金薄膜的纳米压痕硬度和杨氏模量

有纳米晶结构。因此，Nb-Ta-W 合金薄膜中存在很强的细晶强化作用，提高了薄膜的硬度。此外，从 $Nb_{25}Ta_{37}W_{38}$ 到 $Nb_{38}Ta_{30}W_{32}$ 合金薄膜和从 $Nb_{21}Ta_{34}W_{45}$ 到 $Nb_{26}Ta_{36}W_{38}$ 合金薄膜，硬度和杨氏模量都呈现出下降趋势，比较这两组薄膜，其力学性能的变化规律与薄膜中 W 含量的变化规律一致，即硬度和杨氏模量随着薄膜中 W 含量的降低而降低，这说明"鸡尾酒"效应会影响薄膜的硬度和杨氏模量。W 元素具有较高的硬度，合金薄膜中 W 含量的增加会改善薄膜的力学性能。

在等摩尔比的 NbTaW 合金薄膜的基础上，采用非反应磁控共溅射高纯石墨靶材和金属靶材的方式制备了不同碳含量的(Nb-Ta-W)-C 多主元合金碳化物薄膜。图 5.7 为(Nb-Ta-W)-C 碳化物薄膜的晶体结构。可以看出，所有薄膜均在 2θ 为 38°和 67°附近形成两个较宽的漫散射衍射峰，这说明(Nb-Ta-W)-C 碳化物薄膜形成了非晶结构。等摩尔比的 NbTaW 合金薄膜形成了单 BCC 相固溶体结构，在 NbTaW 合金薄膜中引入 C 元素后则形成了非晶结构。Nb、Ta 和 W 三种金属元素形成的碳化物中，NbC 和 TaC 具有 FCC 结构，而 WC 具有简单的六方结构。但是(Nb-Ta-W)-C 碳化物薄膜并没有形成 NaCl 型的 FCC 固溶体结构，而是形成了非晶结构。这是因为组成元素的原子半径具有显著的差异，加入较小尺寸的原子后，合金体系会产生严重的晶格畸变，并伴随着应变能的显著增加，会导致元素的偏析或者非晶结构的形成。当合金体系的平均原子尺寸差 $\delta \geqslant 6.6\%$ 时，合金容易形成非晶结构。$(Nb_{23}Ta_{21}W_{23})C_{33}$ 碳化物的平均原子尺寸差高达 25%，这个值远远大于前述多主元合金体系形成非晶结构的 δ 值，所以含碳合金体系有利于形成非晶结构。同时，引入小尺寸的碳原子后，一方面，合金体系中主元数的增加会提升体系的非晶形成能力；另一方面，多主元合金体系中不同尺寸的原子使合金具有较高的堆积密度，减小了可用于扩散的自由体积，使原子扩散更加困难，也有利于保持非晶结构。

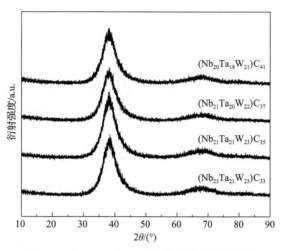

图 5.7　(Nb-Ta-W)-C 碳化物薄膜的晶体结构

在低碳含量时，通常会在金属晶格中形成碳的间隙固溶体。碳在晶格中的溶解度随金属元素以及晶体结构而变化，超过一定的碳浓度，合金体系形成过饱和固溶体的能量成本太大，金属晶格中便不会再容纳更多的碳原子。对于具有高碳亲和力的金属元素，结晶碳化物相的形成将更有利。在更高的碳含量下，薄膜则会变成非晶结构。如果合金中含有弱碳化物形成元素，则可以完全避免结晶碳化物的形成，并且降低非晶化所需的碳浓度。(Nb-Ta-W)-C 碳化物薄膜中 W 元素的存在也有助于非晶结构的形成。由于(Nb-Ta-W)-C 合金中的金属元素与碳有更高的亲和力，薄膜中的碳含量更高，因此形成了非晶结构。值得注意的是，虽然成分对非晶结构的形成有很大影响，但溅射工艺的影响也不能忽视。由于磁控溅射工艺本身的"快速淬火"效应，可以有效地抑制晶粒的形核和长大，同样有利于(Nb-Ta-W)-C 碳化物薄膜形成非晶结构。由于(Nb-Ta-W)-C 碳化物薄膜具有非晶结构，有希望在微电子电路中作为扩散阻挡层使用。

图 5.8 为(Nb-Ta-W)-C 碳化物薄膜的表面形貌和截面形貌。从表面形貌可以看出，与等摩尔比的 NbTaW 合金薄膜相比，所有碳化物薄膜的表面更加光滑、致密，从层片状结构变成细小颗粒状结构，截面也从双层结构变成细小纤维结构。随着石墨靶材溅射功率的增加（即薄膜中碳含量的增加），(Nb-Ta-W)-C 碳化物薄膜的表面质量变差，出现了圆形大颗粒，并且石墨靶材溅射功率越大，表面颗粒数量越多，表面质量越差。从截面形貌可以看出，(Nb-Ta-W)-C 碳化物薄膜截面致密，没有孔洞、裂纹等缺陷；随着石墨靶材溅射功率的增加，截面细小纤维结构界面变得模糊，说明薄膜的致密性提高。同时，可以看出(Nb-Ta-W)-C 碳

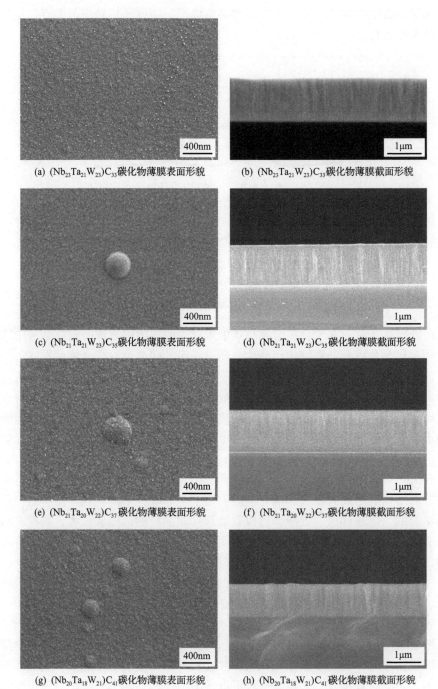

(a) (Nb₂₃Ta₂₁W₂₃)C₃₃碳化物薄膜表面形貌   (b) (Nb₂₃Ta₂₁W₂₃)C₃₃碳化物薄膜截面形貌

(c) (Nb₂₁Ta₂₁W₂₃)C₃₅碳化物薄膜表面形貌   (d) (Nb₂₁Ta₂₁W₂₃)C₃₅碳化物薄膜截面形貌

(e) (Nb₂₁Ta₂₀W₂₂)C₃₇碳化物薄膜表面形貌   (f) (Nb₂₁Ta₂₀W₂₂)C₃₇碳化物薄膜截面形貌

(g) (Nb₂₀Ta₁₈W₂₁)C₄₁碳化物薄膜表面形貌   (h) (Nb₂₀Ta₁₈W₂₁)C₄₁碳化物薄膜截面形貌

图 5.8 （Nb-Ta-W）-C 碳化物薄膜的表面形貌和截面形貌

化物薄膜的厚度逐渐降低，从 1.192μm 逐渐降低至 0.990μm。这是因为从石墨靶材表面溅射出的碳原子也会在金属靶材表面与金属原子发生反应，生成相应的碳化物，导致金属靶材的溅射效率降低，这即是"靶材中毒"现象。

　　图 5.9 为 $(Nb_{23}Ta_{21}W_{23})C_{33}$ 碳化物薄膜截面 TEM 微观组织。从图 5.9(a)可以看出，$(Nb_{23}Ta_{21}W_{23})C_{33}$ 碳化物薄膜的截面在暗场模式中没有明显的结构衬度，呈现出一片灰色，在低放大倍数下无明显的结晶特征，这是典型的非晶结构薄膜的截面形貌。从图 5.9(b)可以看出非常细小的纤维条纹结构。从图 5.9(c)可以看出，该 SAED 花样只有一个非晶光晕，揭示了 $(Nb_{23}Ta_{21}W_{23})C_{33}$ 碳化物薄膜形成了非晶结构。从图 5.9(d)可以看出，$(Nb_{23}Ta_{21}W_{23})C_{33}$ 碳化物薄膜形成了完全的非晶结构，在非晶基体中不存在纳米晶。存在许多短程有序的原子团簇，这是典型的非晶结构的原子排列特点。

(a) 截面形貌暗场像　　　　　　　　　　(b) 图(a)中A处放大图

(c) 图(a)中B处的SAED花样　　　　　　(d) 图(b)中C处的高分辨像

图 5.9　$(Nb_{23}Ta_{21}W_{23})C_{33}$ 碳化物薄膜截面 TEM 微观组织

图 5.10 为 (Nb-Ta-W)-C 碳化物薄膜的纳米压痕硬度和杨氏模量。可以看出，(Nb-Ta-W)-C 碳化物薄膜具有很高的硬度和杨氏模量，其中 $(Nb_{20}Ta_{18}W_{21})C_{41}$ 碳化物薄膜的硬度为 36.1GPa。相比于 NbTaW 合金薄膜，(Nb-Ta-W)-C 碳化物薄膜的硬度和杨氏模量显著提高。

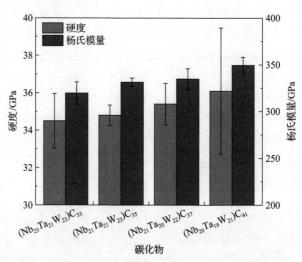

图 5.10　(Nb-Ta-W)-C 碳化物薄膜的纳米压痕硬度和杨氏模量

相比 NbTaW 合金薄膜，非晶 (Nb-Ta-W)-C 碳化物薄膜硬度和杨氏模量的提高主要有以下几方面的原因：①碳元素的引入显著增加了合金体系的固溶强化效应。与传统合金的常规固溶强化相比，多主元合金体系中叠加了晶格畸变效应的固溶强化的影响要大得多。②碳化物薄膜中的碳与金属元素的共价键作用。金属元素与碳之间形成的牢固共价键强于金属与金属之间的金属键，使碳化物薄膜的硬度得到增强。③碳化物薄膜致密性的改善。相比合金薄膜，碳化物薄膜的表面粗糙度减小，致密性提高，也会使薄膜的硬度提高。④采用非反应多靶磁控溅射制备的碳化物薄膜的化学成分均匀，保证了整个薄膜机械性能的均匀性和可靠性。

在等摩尔比的 NbTaW 合金薄膜的基础上，采用反应磁控溅射的方式在不同的氮气流率 ($R_n=N_2/(N_2+Ar)$) 下制备了不同氮含量的 (Nb-Ta-W)-N 多主元合金氮化物薄膜。图 5.11 为 (Nb-Ta-W)-N 氮化物薄膜的晶体结构。可以看出，(Nb-Ta-W)-N 氮化物薄膜形成了单相 NaCl 型 FCC 固溶体结构，这表明 (Nb-Ta-W)-N 氮化物薄膜包含简单的固溶体氮化物相，可以认为是由金属元素形成的二元氮化物构成的单一固溶体，而不是预期的复杂相。固溶体氮化物相不是独立的氮化物共存，而是三种金属元素的原子随机占据金属原子位置的单一固溶体相。等摩尔比 NbTaW 合金薄膜形成了单 BCC 相固溶体结构，而加入氮元素之后，(Nb-Ta-W)-N 氮化物薄膜则形成了单 FCC 相固溶体结构。NbN 和 TaN 具有 FCC 结构，WN 并不具有 FCC 结构，但是在多主元合金高熵效应的影响下，由两个具有 FCC 结构的二元氮化物的结合所产生的 FCC 晶体结构能够有效地容纳非 FCC 二元氮化物，所以 (Nb-Ta-W)-N 氮化物薄膜还是形成了单相 NaCl 型 FCC 固溶体结构。

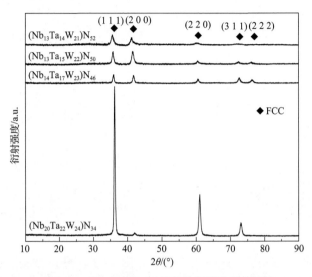

图 5.11　(Nb-Ta-W)-N 氮化物薄膜的晶体结构

图 5.12 为 (Nb-Ta-W)-N 氮化物薄膜的表面形貌和截面形貌。从表面形貌可以看出，(Nb-Ta-W)-N 氮化物薄膜的表面形成了花椰菜状的团簇结构，每个团簇又是由更小的颗粒构成的，这是典型的多主元合金氮化物薄膜的表面形貌。随着氮气流率的增加，(Nb-Ta-W)-N 氮化物薄膜表面团簇结构的尺寸先减小后增大，$(Nb_{14}Ta_{17}W_{23})N_{46}$ 氮化物薄膜具有最小的团簇结构尺寸。从截面形貌可以看出，(Nb-Ta-W)-N 氮化物薄膜截面呈现出典型的柱状晶结构，$(Nb_{20}Ta_{22}W_{24})N_{34}$ 氮化物薄膜截面具有较为粗大的柱状晶，$(Nb_{14}Ta_{17}W_{23})N_{46}$ 氮化物薄膜截面的柱状晶直径变小，但是随着氮气流率的进一步增加，薄膜的柱状晶又逐渐粗化。这一变化规律与薄膜表面团簇结构尺寸的变化规律一致。值得注意的是，$(Nb_{13}Ta_{14}W_{21})N_{52}$ 氮化物薄膜截面出现了双层结构，靠近基底的为致密无特征层，上层则为柱状晶结构层。此外，随着氮含量的增加，薄膜的厚度逐渐降低，$(Nb_{20}Ta_{22}W_{24})N_{34}$ 氮化物薄膜的厚度为 1.762μm，当氮含量增加到 52% 时，薄膜的厚度减小至 1.206μm。第一，因为"靶材中毒"现象，所以 (Nb-Ta-W)-N 氮化物薄膜厚度随着氮含量的增加而降低。在氮气流率较高时，与氮原子具有较强亲和力的靶材会变成相应氮化物的溅射方式，显著降低溅射效率。第二，氮气的离

(a) $(Nb_{20}Ta_{22}W_{24})N_{34}$ 氮化物薄膜表面形貌　　(b) $(Nb_{20}Ta_{22}W_{24})N_{34}$ 氮化物薄膜截面形貌

(c) $(Nb_{14}Ta_{17}W_{23})N_{46}$ 氮化物薄膜表面形貌　　(d) $(Nb_{14}Ta_{17}W_{23})N_{46}$ 氮化物薄膜截面形貌

(e) $(Nb_{13}Ta_{15}W_{22})N_{50}$ 氮化物薄膜表面形貌　　(f) $(Nb_{13}Ta_{15}W_{22})N_{50}$ 氮化物薄膜截面形貌

(g) $(Nb_{13}Ta_{14}W_{21})N_{52}$ 氮化物薄膜表面形貌　　(h) $(Nb_{13}Ta_{14}W_{21})N_{52}$ 氮化物薄膜截面形貌

图 5.12　(Nb-Ta-W)-N 氮化物薄膜的表面形貌和截面形貌

子化率远远低于氩气。由于两种气体具有相当的电离碰撞截面，在较高的氮分压下，更大比例的靶电流将由氮离子携带，从而导致溅射速度降低。第三，当其他工艺参数固定时，溅射能量与氮气流率成正比。当氮气流率较高时，溅射能量也较高，会导致输入的动能和冲量很大，沉积在基底上的薄膜材料会被再次溅射蒸发，即"再溅射"效应，从而降低了薄膜的生长速度和沉积速度。

图 5.13 为 $(Nb_{20}Ta_{22}W_{24})N_{34}$ 氮化物薄膜截面 TEM 微观组织。从图 5.13(a)可以看出薄膜截面的柱状晶结构，柱状晶的宽度在 20~80nm。从图 5.13(b)可以看出，在柱状晶内部可以观察到少量类似纳米孪晶的结构。这是由于原子喷丸效应，从靶材溅射出的高能原子沉积在基底上时可以形成纳米孪晶。根据图 5.13(c)衍射环的标定结果可知，衍射花样呈现出与 FCC 结构的 (1 1 1)、(2 0 0)、(2 2 0)和 (3 1 1) 晶面对应的几个清晰的衍射环。这说明 $(Nb_{20}Ta_{22}W_{24})N_{34}$ 氮化物薄膜形成了 FCC 固溶体结构，没有形成复杂的晶体结构或者化合物相。从图 5.13(d)可以看出，$(Nb_{20}Ta_{22}W_{24})N_{34}$ 氮化物薄膜 (1 1 1) 晶面的晶面间距为 0.2656nm。

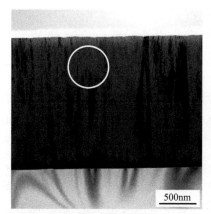

(a) 截面形貌明场像

(b) 高倍截面形貌

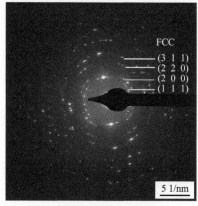

(c) 图(a)中的SAED花样

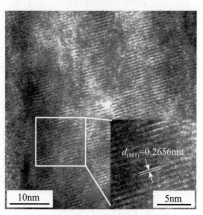

(d) 图(b)中方形区域的高分辨像

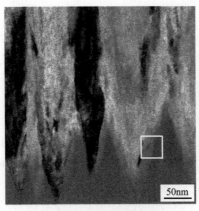

(e) 薄膜靠近基底的截面形貌　　　　(f) 图(e)中方形区域的高分辨像

图 5.13　　Nb$_{20}$Ta$_{22}$W$_{24}$ N$_{34}$氮化物薄膜截面 TEM 微观组织

从图 5.13 e 可以看出，薄膜靠近基底的一侧形成了一层致密、无任何结构衬度的薄层，从图 5.13 f 可以看出，该层为非晶结构。这是由于基底与薄膜之间存在晶格错配以及刚开始溅射镀膜时较低的基底温度。 Nb$_{20}$Ta$_{22}$W$_{24}$ N$_{34}$氮化物薄膜的非晶结构层的平均厚度仅为 20nm，远远小于 NbTaW 合金薄膜所形成的非晶结构层厚度。

图 5.14 为 Nb-Ta-W -N 氮化物薄膜的纳米压痕硬度和杨氏模量。可以看出， Nb-Ta-W -N 氮化物薄膜具有很高的硬度和杨氏模量，且均大于 NbTaW 合金薄膜 硬度为 27.9GPa，杨氏模量为 316.7GPa 。这主要归因于金属元素与氮元素之间形成的更强的共价键和间隙氮原子产生的更显著的固溶强化效应。此外，随着氮气流率的增加， Nb-Ta-W -N 氮化物薄膜的硬度和杨氏模量逐渐下降。当 R_n=10%时，Nb$_{20}$Ta$_{22}$W$_{24}$ N$_{34}$氮化物薄膜具有最大的硬度和杨氏模量，分别为 38.3GPa 和 346.7GPa。这主要是因为：①薄膜中形成了强烈的 1 1 1 择优取向。在其他 FCC 氮化物薄膜中，如 TiN 和 ZrN，具有 1 1 1 择优取向的薄膜都表现出了很高的硬度，这是因为 1 1 1 取向在 FCC 结构所有可能的晶体学方向上由于几何硬化会产生最大的硬化效果。②细晶强化作用。 Nb$_{20}$Ta$_{22}$W$_{24}$ N$_{34}$氮化物薄膜具有最小的平均晶粒尺寸，因此存在很强的细晶强化效应，显著提高了薄膜的硬度。

图 5.15 为 Nb$_{20}$Ta$_{22}$W$_{24}$ N$_{34}$氮化物薄膜不同直径纳米微柱压缩前后形貌。经过压缩后，直径 500nm 微柱上出现了很多裂纹；直径 200nm 微柱本身经历了更为均匀的形变过程，仅在微柱边缘出现了较少裂纹。这说明较小直径微柱的压缩塑性得到提高。

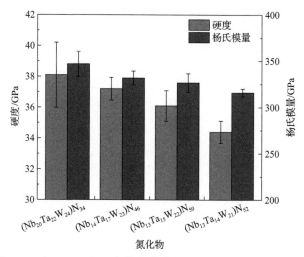

图 5.14 （Nb-Ta-W）-N 氮化物薄膜的纳米压痕硬度和杨氏模量

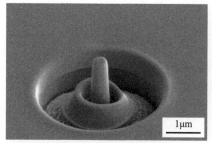

(a) 直径500nm微柱压缩前形貌

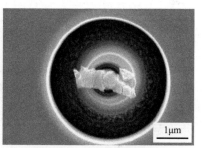

(b) 直径500nm微柱压缩后形貌

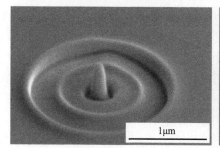

(c) 直径200nm微柱压缩前形貌

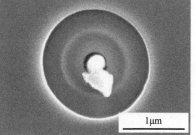

(d) 直径200nm微柱压缩后形貌

图 5.15 （$Nb_{20}Ta_{22}W_{24}$）N_{34} 氮化物薄膜不同直径纳米微柱压缩前后形貌

图 5.16 为（$Nb_{20}Ta_{22}W_{24}$）N_{34} 氮化物薄膜不同直径纳米微柱的压缩应力-应变曲线。从图中可以看出，直径 500nm 微柱的压缩塑性应变为 12%；直径 200nm 微柱的压缩塑性应变增加到 28%。同时，（$Nb_{20}Ta_{22}W_{24}$）N_{34} 氮化物薄膜的纳米微柱显示了很高的压缩强度。直径 500nm 微柱的屈服强度约为 7.9GPa，抗压强度约为 9.2GPa；直径 200nm 微柱的屈服强度约为 7.8GPa，抗压强度增加到约 10GPa。这

说明微小尺寸结构的样品具有尺寸效应，尺寸更小的微柱具有更好的压缩力学性能。这一规律也在其他多主元薄膜微柱中存在。这是因为：一方面，微小尺寸材料具有很高的表面体积比和更容易的应力松弛过程，其更不容易发生开裂，即使在具有较高脆性的材料中也可以获得良好的变形能力；另一方面，材料尺寸很小，材料中的位错源规模非常有限，这就可以通过减小样品尺寸来减少晶体缺陷，以显著提高微小尺寸材料的强度。

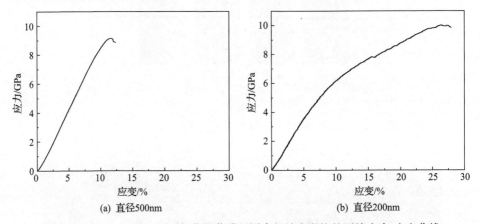

图 5.16　$(Nb_{20}Ta_{22}W_{24})N_{34}$ 氮化物薄膜不同直径纳米微柱的压缩应力-应变曲线

5.3.2　热稳定性能

　　一般而言，难熔高熵合金薄膜具有优异的热稳定性，在较高温度下依然可以保持晶体结构的稳定。Zou 等[19]使用磁控溅射沉积技术制备了 NbMoTaW 难熔高熵合金薄膜，证实了这种薄膜在高温、长时间条件(1100℃/3d)下显示出极强的高温相结构稳定性。此外，该薄膜在高温下比纯 W 薄膜具有更高的热稳定性和微观力学性能。图 5.17 为 1100℃退火 3d 条件下纯 W 薄膜和 NbMoTaW 难熔高熵合金薄膜的结构和微观力学性能演变[19]。Xia 等[20]的研究结果表明，NbMoTaWV 难熔高熵合金薄膜可以在 1500℃下保持晶体结构稳定。

　　难熔高熵合金薄膜具有高热稳定性的原因可归纳如下：①多主元成分贡献的高熵效应可避免金属间化合物的形成，使晶体结构保持稳定；②动力学的缓慢扩散效应，减小了元素的扩散动力，使元素在薄膜退火过程中也具有较低的扩散速度，即使在高温下也难以进行元素的再分配；③严重的晶格畸变可以抑制退火过程中晶粒的长大，有利于在高温下保持晶体结构的稳定；④不同尺寸的原子使合金体系具有较高的堆积密度，减小了可用于扩散的自由体积，降低了原子扩散速度；⑤对于非晶高熵合金薄膜，非晶结构本身没有晶界、位错等可以作为原子快速扩散通道的晶体缺陷，有效降低了原子的扩散速度；⑥由难熔金属元素组成的

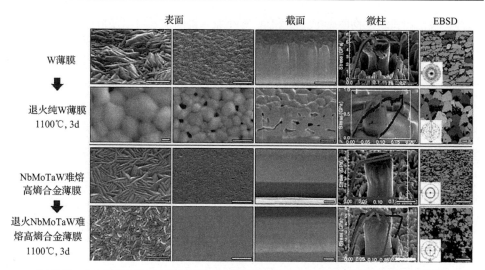

图 5.17　1100℃退火 3d 条件下纯 W 薄膜和 NbMoTaW 难熔高熵合金薄膜的结构
和微观力学性能演变[19]

高熵合金薄膜则具有更高的热稳定性，这是因为耐热薄膜材料的熔点越高，高温化学稳定性越好，在高温下不会发生分解或相变。

由上述可知，高熵合金由于其独特的高熵效应和缓慢扩散效应，相对传统薄膜材料，在耐高温性能方面具有较大的优势。目前，为了提高高熵合金的耐高温性能和抗氧化性能，也采取添加 Al、Cr 等元素来提高高熵合金薄膜的抗氧化性能。但是目前耐热高熵合金涂层方面仍然有很大的发展空间，温度超过 1000℃的耐热高熵合金薄膜仍然较少，因此可以从以下几个方面进行设计研发：①选择合适的金属元素，难熔高熵合金薄膜由于所含元素熔点较高，在高温下使用具有很大的优势；②设计合适的成分，晶格畸变和缓慢扩散效应有利于提高高熵合金薄膜的热稳定性能，可以考虑设计非等摩尔比的高熵合金薄膜，增加高熵合金的晶格畸变；③选择合适的制备方法，以提高高熵合金薄膜的质量，如致密度等。

5.3.3　耐腐蚀性能

非晶结构材料由于缺乏晶界、位错等可以作为腐蚀剂快速渗入通道的晶体缺陷，一般都具有较好的耐腐蚀性能。含有耐腐蚀性元素或者具有非晶结构的高熵合金薄膜一般具有优异的耐腐蚀性能，可作为耐腐蚀涂层广泛使用。

高熵合金薄膜具有优异的耐腐蚀性能，其原因可总结如下：①高熵合金薄膜晶体结构简单（单相固溶体或非晶结构）、成分均匀、致密性高，可消除材料内部元素贫富分化及不同区域电势差异，降低点蚀发生概率，延缓腐蚀；②Ni、Co、Cr、Al 等耐腐蚀性元素可以促进高熵合金薄膜表面钝化膜的形成，改善耐腐蚀性能；③在高熵合金碳化物和氮化物薄膜中，C 和 N 等间隙元素的加入可以使薄膜更加致密，并且与金属元素形成牢固的共价键，使薄膜结构更加稳定，改善薄膜的耐腐蚀性能。

表 5.1 为 NbTaW 合金、(Nb-Ta-W)-C 碳化物薄膜和 304 不锈钢的电化学腐蚀数据。材料表面的惰性程度可以利用开路电位 E_{oc} 值来评估，E_{oc} 值越大表明材料的耐腐蚀性能越好。从表中可以看出，制备的 NbTaW 合金和 (Nb-Ta-W)-C 碳化物薄膜的开路电位更负，这表明多主元薄膜更容易被腐蚀。这可能是由于制备的多主元薄膜中不存在耐腐蚀性元素，从而无法在薄膜表面形成致密的钝化膜。从开路电位来看，304 不锈钢的耐腐蚀性能要优于 NbTaW 合金和 (Nb-Ta-W)-C 碳化物薄膜。

表 5.1　NbTaW 合金、(Nb-Ta-W)-C 碳化物薄膜和 304 不锈钢的电化学腐蚀数据

样品	E_{oc}/mV	E_{corr}/mV	i_{corr}/(μA/cm^2)	R_p/(kΩ·cm^2)
NbTaW	−193	−401	0.043	20810
(Nb$_{23}$Ta$_{21}$W$_{23}$)C$_{33}$	−149	−322	0.015	51395
(Nb$_{21}$Ta$_{21}$W$_{23}$)C$_{35}$	−206	−502	0.027	31905
(Nb$_{21}$Ta$_{20}$W$_{22}$)C$_{37}$	−185	−472	0.023	39048
(Nb$_{20}$Ta$_{18}$W$_{21}$)C$_{41}$	−184	−354	0.020	50807
304 不锈钢	−87	−259	0.870	1146

图 5.18 为 NbTaW 合金、(Nb-Ta-W)-C 碳化物薄膜和 304 不锈钢的动电位极

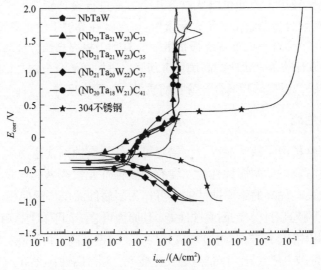

图 5.18　NbTaW 合金和 (Nb-Ta-W)-C 碳化物薄膜以及 304 不锈钢的动电位极化曲线

化曲线。使用极化曲线外推法得到相应的电化学腐蚀数据，包括腐蚀电位 E_{corr} 和腐蚀电流密度 i_{corr}。可以看出，当腐蚀电位高于 0V 时，所有薄膜的极化曲线中都观察到了非常陡峭或者垂直的斜率，这说明所有薄膜都出现了自发的钝化行为和非常大的钝化区。与 304 不锈钢相比，(Nb-Ta-W)-C 碳化物薄膜具有更大的钝化区。材料的腐蚀电流密度 i_{corr} 越小、腐蚀电位 E_{corr} 越正，表明材料的耐腐蚀性能越好。结合表 5.1 可以看出，(Nb-Ta-W)-C 碳化物薄膜的腐蚀电位都比 304 不锈钢更负，但是腐蚀电流密度却远远低于 304 不锈钢。腐蚀电流密度越大，说明材料被腐蚀的速度越快。这表明 (Nb-Ta-W)-C 碳化物薄膜的腐蚀速度远远低于 304 不锈钢。

极化电阻 R_p 表示金属材料表面形成钝化层的保护程度，使用 Stern-Geary 方程计算，计算公式为

$$R_p = \frac{1}{i_{corr}} \frac{\beta_a \beta_c}{2.303(\beta_a + \beta_c)} \tag{5.1}$$

式中，i_{corr} 为腐蚀电流密度；β_a 和 β_c 分别为动电位极化曲线外推得到的阳极和阴极分支的斜率。

R_p 越大表示材料的耐腐蚀性能越好，较高的 R_p 表明材料具有良好的抗 Cl⁻渗入和点蚀的能力。从表 5.1 可以看出，(Nb-Ta-W)-C 碳化物薄膜的极化电阻远远高于 304 不锈钢，其中 $(Nb_{23}Ta_{21}W_{23})C_{33}$ 碳化物薄膜的极化电阻高达 51395kΩ·cm²，而 304 不锈钢的极化电阻仅为 1146kΩ·cm²。这可归因于制备的 (Nb-Ta-W)-C 碳化物薄膜的非晶结构和很高的均匀致密性。非晶结构由于没有晶界和位错等缺陷，降低了腐蚀液经这些缺陷渗入的可能性，也不易在局部产生多个微小原电池。另外，采用磁控溅射制备的碳化物薄膜成分均匀、结构稳定、表面粗糙度小，也有利于提高薄膜的耐腐蚀性能。

由此可知，由于 (Nb-Ta-W)-C 碳化物薄膜具有非晶结构且存在自由碳相，其具有良好的耐腐蚀性能，腐蚀电流密度远远低于 304 不锈钢，这就为非晶 (Nb-Ta-W)-C 碳化物薄膜在耐腐蚀领域的应用提供了理论指导。

5.3.4　抗辐照性能

目前，国内外针对难熔高熵合金薄膜在粒子辐照下的行为研究较少。Zhang 等[21]采用磁控溅射的方法，以氯化钠单晶为基底溅射沉积高熵合金薄膜，随后把氯化钠溶解掉，得到薄膜样品，进行辐照试验和透射电镜相结构分析。这种方法省去了透射电镜试样的制备，减少了双喷以及后期离子减薄对辐照试样的损伤，

使高熵合金在离子辐照条件下的微观结构变化表征更为准确。他们研究了能量为 400keV 的 He⁺辐照下 AlCrMoNbZr/(AlCrMoNbZr)N 多层膜的界面稳定性、机械性能和耐腐蚀性能。在经过注量高达 $8×10^{16}$p/cm²[①]的 He⁺辐照后，多层膜中均未观察到氮气泡，且保持 FCC 结构不变。AlCrMoNbZr/(AlCrMoNbZr)N 多层膜具有良好的抗辐照性能。

Komarov 等[22]首次揭示了高通量 He⁺辐照对纳米晶结构的(TiHfZrVNb)N 氮化物薄膜的影响，研究了薄膜在高能 He⁺辐照前后的元素组成、结构、形貌和力学性能。辐照后(TiHfZrVNb)N 氮化物薄膜中不存在明显的结构和相改变，只是微晶尺寸急剧减小至小于 10nm。但随着 He⁺注量的增加，显微硬度逐渐降低，这是辐照诱导的弛豫过程导致薄膜的晶粒尺寸增加所致；另外，随着 He⁺注量的增加，结构缺陷的积累也会降低显微硬度。Egami 等[23]采用磁控溅射沉积制备了 ZrHfNb 三元合金薄膜，研究了薄膜在 2MeV 电子辐照下的反应。未辐照薄膜具有 BCC 纳米晶结构，在温度为 25℃、剂量为 10dpa 以及温度为–170℃、剂量为 50dpa 的电子辐照下，薄膜能够保持晶体结构稳定。这表明 ZrHfNb 三元合金薄膜相比其他很多晶态材料所能承受的电子辐照剂量更大，从而表现出更好的抗辐照性能。采用磁控溅射沉积制备 100nm 厚的 W-Ta-Cr-V 难熔高熵合金薄膜[24]，并对其进行原位 Kr²⁺辐照测试。该难熔高熵合金薄膜为 BCC 固溶体结构，硬度为 14GPa，辐照后未出现辐照诱导的位错环，硬度稍有增加。与纯纳米晶结构的钨材料和普通合金相比，这种新型难熔高熵合金薄膜兼具优异的机械性能和抗辐照性能。

辐照后难熔高熵合金薄膜的晶体结构保持稳定，这是由高熵合金复杂的成分、较高的混合熵、复杂的能量格局和较强的原子级应力共同作用的结果。Egami 等[23]模拟计算指出，由于组成高熵合金的原子尺寸存在差异，存在一定的原子应力。高的原子应力会促进高熵合金在受到离子辐照时发生非晶化，同时，离子辐照产生的热尖峰会导致合金局部熔化和再结晶。这一过程有效地消除了辐照产生的缺陷，从而降低了应变，且辐照后高熵合金中留下的缺陷更少，有效地抑制了位错环和孔洞的形成，即高熵合金薄膜材料具有自愈性。高熵合金在经受粒子(离子、中子或电子)辐照后，在合金内部会产生一定的点缺陷，主要是空位和间隙原子。这些点缺陷具有极高的形成能、原子水平应力以及较低的迁移能，所以这些空位和间隙原子是不稳定的。在纯金属中，这些点缺陷能够聚集形成位错环或孔洞，产生辐照损伤。在高熵合金中，由于具有较高的晶格畸变，点缺陷很难在高熵合金中形成，且很难迁移形成位错环或者孔洞。图 5.19 为在 MeV 级电子辐照由电子撞击效应引入的最简单类型缺陷以及缺陷

---

① p 表示粒子个数。

修复过程示意图[25]。在高熵合金中通过非晶化和再结晶，辐照产生的缺陷大幅度减少，即高熵合金具有自愈性，因此高熵合金具有较高的抗辐照性能。此外，高熵合金薄膜也容易形成纳米晶结构。与粗晶材料相比，纳米晶材料表现出额外的辐照耐受性。这是因为纳米晶材料具有高密度晶界，可以作为辐照诱导缺陷的有效湮灭和减少的吸收源。

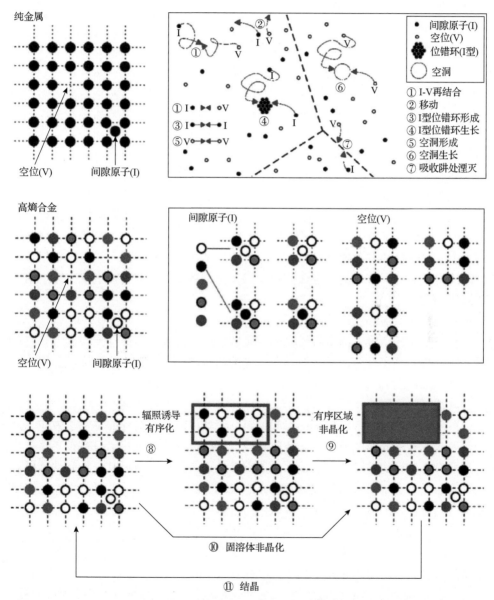

图 5.19　在 MeV 级电子辐照由电子撞击效应引入的最简单类型缺陷以及缺陷修复过程示意图[25]

5.4　难熔高熵合金薄膜的应用前景

难熔高熵合金薄膜材料表现出优异的力学性能和理化性能，如较高的硬度和弹性模量，优异的抗氧化、耐腐蚀、耐磨和抗辐照性能，在工业生产的各个领域都具有非常广阔的应用前景。

1）耐高温涂层

随着现代工业的发展，航空发动机部件、火箭发动机以及深空探日卫星等的工作温度越来越高。例如，太阳探测器在近日点时迎日面需承受高达 1400℃的高温。难熔高熵合金薄膜的组成元素均为高熔点的难熔金属，具有很高的高温热稳定性；在难熔高熵合金薄膜的基础上，添加碳和氮等元素形成碳化物和氮化物薄膜，由于碳化物和氮化物具有更高的熔点，可以进一步调控难熔高熵合金薄膜的耐高温性能。因此，难熔高熵合金薄膜可以成为航空航天领域高温部件的表面涂层，如航空发动机的涡轮叶片耐热涂层、太阳探测器的金属防护涂层等。

2）扩散阻挡层

微电子集成电路中的 Cu 和 Si/SiO$_2$ 在低温下会由于扩散在界面处形成 Cu$_3$Si，从而使互连性能下降。由于缓慢扩散效应和晶格畸变效应，难熔高熵合金薄膜中的元素具有较低的扩散速度；另外，具有非晶结构的薄膜中的元素也具有很低的扩散速度。因此，难熔高熵合金薄膜可以作为扩散阻挡层材料在电子电路中阻止 Cu 和 Si 的互相扩散。

3）耐腐蚀涂层

在特定的环境中，许多材料将面临腐蚀问题。含有耐腐蚀性元素或者具有非晶结构的难熔高熵合金薄膜一般具有优异的耐腐蚀性能，可作为耐腐蚀涂层广泛使用。

4）抗辐照涂层

核反应堆和空间带电粒子可引起材料、元器件和分系统等的单粒子效应、总剂量效应、表面充放电效应等，使材料或者器件性能严重退化。只有在各重要部位采取有针对性的防护涂层措施，才能有效地避免辐射环境对其结构和功能的损伤。难熔高熵合金薄膜由于成分复杂且组成元素均为相对原子质量较大的重金属元素，具有较好的抗辐照性能，可以作为抗辐照涂层。

参 考 文 献

[1] Chen T K, Wong M S, Shun T T, et al. Nanostructured nitride films of multi-element high-entropy alloys by reactive DC sputtering. Surface and Coatings Technology, 2005, 200(5-6): 1361-1365.

[2] Lai C H, Lin S J, Yeh J W, et al. Preparation and characterization of AlCrTaTiZr multi-element

nitride coatings. Surface and Coatings Technology, 2006, 201 (6): 3275-3280.

[3] Huang Y S, Chen L, Lui H W, et al. Microstructure, hardness, resistivity and thermal stability of sputtered oxide films of AlCoCrCu$_{0.5}$NiFe high-entropy alloy. Materials Science and Engineering: A, 2007, 457 (1-2): 77-83.

[4] Yao C Z, Zhang P, Liu M, et al. Electrochemical preparation and magnetic study of Bi-Fe-Co-Ni-Mn high entropy alloy. Electrochimica Acta, 2008, 53 (28): 8359-8365.

[5] Tsai M H, Yeh J W, Gan J Y. Diffusion barrier properties of AlMoNbSiTaTiVZr high-entropy alloy layer between copper and silicon. Thin Solid Films, 2008, 516 (16): 5527-5530.

[6] Tsai M H, Wang C W, Tsai C W, et al. Thermal stability and performance of NbSiTaTiZr high-entropy alloy barrier for copper metallization. Journal of the Electrochemical Society, 2011, 158 (11): H1161-H1165.

[7] Braic M, Braic V, Balaceanu M, et al. Characteristics of (TiAlCrNbY) C films deposited by reactive magnetron sputtering. Surface and Coatings Technology, 2010, 204 (12-13): 2010-2014.

[8] Liao W B, Lan S, Gao L B, et al. Nanocrystalline high-entropy alloy (CoCrFeNiAl$_{0.3}$) thin-film coating by magnetron sputtering. Thin Solid Films, 2017, 638: 383-388.

[9] Tsai M H, Wang C W, Lai C H, et al. Thermally stable amorphous (AlMoNbSiTaTiVZr)$_{50}$N$_{50}$ nitride film as diffusion barrier in copper metallization. Applied Physics Letters, 2008, 92 (5): 052109.

[10] Firstov S A, Gorban V F, Danilenko N I, et al. Thermal stability of superhard nitride coatings from high-entropy multicomponent Ti-V-Zr-Nb-Hf alloy. Powder Metallurgy and Metal Ceramics, 2014, 52 (9): 560-566.

[11] Peng X W, Chen L. Effect of high entropy alloys TiVCrZrHf barrier layer on microstructure and texture of Cu thin films. Materials Letters, 2018, 230: 5-8.

[12] Tunes M A, Vishnyakov V M. Microstructural origins of the high mechanical damage tolerance of NbTaMoW refractory high-entropy alloy thin films. Materials & Design, 2019, 170: 107692.

[13] Tuten N, Canadinc D, Motallebzadeh A, et al. Microstructure and tribological properties of TiTaHfNbZr high entropy alloy coatings deposited on Ti$_6$Al$_4$V substrates. Intermetallics, 2019, 105: 99-106.

[14] Feng X B, Surjadi J U, Lu Y. Annealing-induced abnormal hardening in nanocrystalline NbMoTaW high-entropy alloy thin films. Materials Letters, 2020, 275: 128097.

[15] Feng X G, Tang G Z, Sun M R, et al. Structure and properties of multi-targets magnetron sputtered ZrNbTaTiW multi-elements alloy thin films. Surface and Coatings Technology, 2013, 228: S424-S427.

[16] Bagdasaryan A A, Pshyk A V, Coy L E, et al. Structural and mechanical characterization of (TiZrNbHfTa) N/WN multilayered nitride coatings. Materials Letters, 2018, 229: 364-367.

[17] Pogrebnjak A D, Yakushchenko I V, Bondar O V, et al. Irradiation resistance, microstructure and mechanical properties of nanostructured (TiZrHfVNbTa)N coatings. Journal of Alloys and Compounds, 2016, 679: 155-163.

[18] 闫薛卉, 张勇. 高熵薄膜和成分梯度材料. 表面技术, 2019, 48(6): 98-106.

[19] Zou Y, Ma H, Spolenak R. Ultrastrong ductile and stable high-entropy alloys at small scales. Nature Communications, 2015, 6: 7748.

[20] Xia A, Franz R. Thermal stability of MoNbTaVW high entropy alloy thin films. Coatings, 2020, 10(10): 941.

[21] Zhang W, Wang M, Wang L, et al. Interface stability, mechanical and corrosion properties of AlCrMoNbZr/(AlCrMoNbZr)N high-entropy alloy multilayer coatings under helium ion irradiation. Applied Surface Science, 2019, 485: 108-118.

[22] Komarov F F, Pogrebnyak A D, Konstantinov S V. Radiation resistance of high-entropy nanostructured (Ti, Hf, Zr, V, Nb)N coatings. Technical Physics, 2015, 60(10): 1519-1524.

[23] Egami T, Guo W, Rack P D, et al. Irradiation resistance of multicomponent alloys. Metallurgical and Materials Transactions A, 2014, 45(1): 180-183.

[24] El-Atwani O, Li N, Li M, et al. Outstanding radiation resistance of tungsten-based high-entropy alloys. Science Advances, 2019, 5(3): 2002.

[25] Nagase T, Rack P D, Noh J H, et al. In-situ TEM observation of structural changes in nano-crystalline CoCrCuFeNi multicomponent high-entropy alloy(HEA)under fast electron irradiation by high voltage electron microscopy(HVEM). Intermetallics, 2015, 59: 32-42.

第6章 难熔高熵合金的高温氧化与防护

难熔高熵合金具有高熔点、优异的高温力学性能等特点，在热端部件具有较大的应用潜力。对于传统难熔金属，抗氧化性差是其工程应用时存在的主要问题之一，难熔高熵合金继承了这一弱点[1,2]。因此，考虑到难熔高熵合金潜在的服役环境，良好的高温抗氧化性能也应是其兼顾的性能之一。目前改善难熔高熵合金高温抗氧化性能的途径主要有：①合金化，从合金的成分设计入手，对难熔高熵合金中元素种类及含量的调节来提高合金自身的抗氧化性能；②涂层技术，外加抗氧化涂层的方法来保障其高温服役时的热防护需求。本章主要介绍难熔高熵合金的高温氧化行为、合金化法改善抗氧化性能的进展以及难熔高熵合金表面抗氧化涂层技术。

6.1 难熔高熵合金的高温氧化行为

难熔高熵合金是一种多主元新型合金，在氧化时与铁基合金、镍基合金等传统单主元合金的氧化行为存在差异。由于合金的选择性氧化，传统合金在分析其抗氧化性能时，添加的合金化元素是分析的重点，其中的活性元素(如 Al、Cr 等)容易析出并与氧气发生反应，在合金表面生成氧化膜。具有保护性的氧化膜可以阻隔氧气与合金的接触，从而提高合金的抗氧化能力。而难熔高熵合金是一种多主元固溶体合金，合金中各组元含量较为平均，且由于其本征的迟滞扩散效应，对合金元素优先析出并发生选择性氧化带来一定阻碍。因此，难熔高熵合金的氧化行为主要是 O 元素内扩散与合金元素结合，并且在氧化过程中会受到氧化产物的性质、合金的相结构与扩散激活能等一些其他因素的影响。

分析难熔高熵合金氧化时，应先分析各难熔金属组元的氧化性质。难熔高熵合金主要是由 Nb、Mo、Ta、W、V、Zr、Hf、Ti 等高熔点金属元素作为主元，这些元素的氧亲和势较高，氧溶解度大，在室温条件下极易吸氧。图 6.1 为难熔金属元素氧化产物的 Ellingham 图[3]。此外，难熔金属与氧反应生成的氧化产物的性质决定着氧化膜的高温稳定性和阻氧能力。例如，V 的常见氧化物 V_2O_5 熔点较低，分别在 675℃和 1750℃就会发生熔化和升华；Mo 的氧化物 MoO_3 在 795℃以上就会以极快的速度挥发；W 氧化时也形成挥发性氧化物 WO_3，在 1150℃以上会出现严重的挥发。挥发性氧化产物的生成对合金的抗氧化性能影响极大，因为它们的挥发会在氧化层内留下大量的孔洞，氧气通过这些孔洞扩散到合金和氧化物的界面处，氧化速度加快。Nb 的常见氧化物 NbO 和 Nb_2O_5、Ta 的氧化物 Ta_2O_5、Ti 的氧化物 TiO_2、Zr 的氧化物 ZrO_2 及 Hf 的氧化物 HfO_2 虽然具有较高的热稳定性，但是氧气在其中的扩散速度快，生成的氧化膜不具有保护作用。

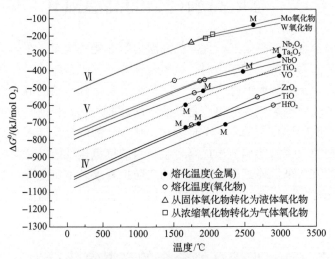

图 6.1 难熔金属元素氧化产物的 Ellingham 图[3]

氧化物与形成该氧化物消耗的金属的体积比（pilling-bedworth ratio, PBR）是判断氧化膜完整性的一个重要判据，其是氧化膜内产生生长应力的主要因素之一[4]。Nb 的氧化物的 PBR 约为 2.69，W、Mo、V 的氧化物的 PBR 大于 3，这类氧化膜所受压应力较大，且应力值随着氧化膜厚度的增加而增大。当超过氧化膜自身的强度后，就会出现裂纹而破裂、脱落。与纯金属的氧化相比，合金的氧化要复杂得多。在多数情况下，合金表面形成的氧化物不是一种，而是多种氧化物的复合或固溶，此时的 PBR 值大小取决于每种氧化物在复合氧化膜中所占的体积分数。

扩散激活能是原子离开平衡位置到达另一个平衡位置所需要的能量。氧化反应是一个扩散反应，因此难熔高熵合金的高温氧化行为也会受到扩散激活能的影响。难熔高熵合金的扩散激活能大，具有扩散迟滞效应，这会降低难熔高熵合金氧化过程中各元素的扩散速度，包括氧气向内扩散进入合金内部生成内氧化层，或者活性金属元素向外扩散形成外氧化层。图 6.2 为难熔金属元素氧化物中氧的扩散系数[5]。与氧具有强键合的材料氧化时往往受氧向内扩散的控制。从现有的数据来看，热力学较稳定的氧化物中，氧在 ZrO_2 和 Ta_2O_5 中的扩散速度较快，而在 Nb_2O_5 和 TiO_2 中的扩散速度相对要慢，因此含有 Zr 或 Ta 的合金氧化时，相应的氧化产物容易生成，且氧化膜较厚。图 6.3 为难熔高熵合金、不锈钢、高温合金不同温度下 100h 内的氧化增重对比[6]。因此，相比传统耐热合金或高温合金，难熔高熵合金在高温下的氧化增重很大，高温抗氧化性能较差。

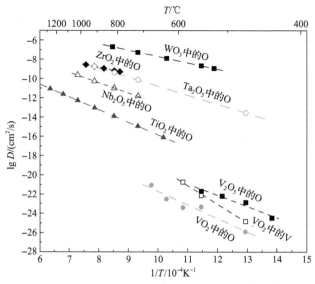

图 6.2　难熔金属元素氧化产物中氧的扩散系数[5]

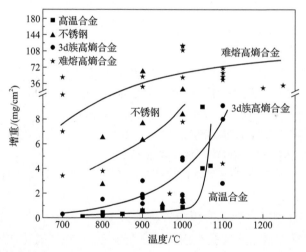

图 6.3　难熔高熵合金、不锈钢、高温合金不同温度下 100h 内的氧化增重对比[6]

6.1.1　几种典型难熔高熵合金的高温氧化行为

NbMoTaW 和 NbMoTaWV 难熔高熵合金在 1400～1600℃下表现出优异的高温力学性能，难熔高熵合金具有在高温条件下应用的潜力，但这两种合金在高温有氧环境下的抗氧化性能均较差。图 6.4 为 NbMoTaW 难熔高熵合金在 800～1000℃下的氧化动力学曲线[7]。合金在 800℃的氧化动力学呈类抛物线规律，但随着氧化温度增高向直线规律转化，900℃下的转化时间为 0.5h，而 1000℃下仅氧化

10min 后即呈现直线规律。NbMoTaW 难熔高熵合金的氧化产物主要为 $Ta_{16}W_{18}O_{94}$ 和 $Nb_{14}W_3O_{47}$，氧化膜疏松多孔易剥落，无保护能力[7]。

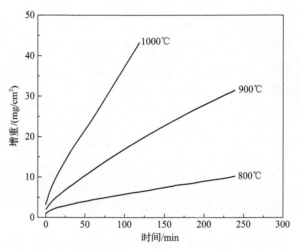

图 6.4   NbMoTaW 难熔高熵合金在 800~1000℃下的氧化动力学曲线[7]

图 6.5 为 NbMoTaWV 难熔高熵合金试样在 600~1400℃下氧化 30min 后的宏观形貌。可以看出，合金试样在 600℃下氧化 30min 后未发生太大变化，表面被一层较薄的黑色氧化膜覆盖；800℃下氧化 30min 后，试样开始出现体积膨胀、棱角开裂现象，发生了严重的内氧化现象，且随温度提高到 1000℃和 1200℃而进一步加剧，但合金试样在 1400℃氧化 30min 后仍能保持完整。

图 6.6 为 NbMoTaWV 难熔高熵合金在 600~1400℃下氧化 5min 后氧化层表面微观形貌。可以看出，600℃下氧化层整体较为平整、致密，但存在开裂现象；800℃下氧化层表面开始出现颗粒状氧化物，局部位置存在通孔现象；1000℃、1200℃与 1400℃下氧化层表面的颗粒状氧化物迅速生长，生成了针棒状氧化产物，且部分针棒状氧化产物中心出现了通孔。这可能是 Mo、W 等挥发性氧化物挥发导致的，氧气通过这些通孔直接到达合金内部，加快了氧化速度。从图 6.6(e)

(a) 原始试样

(b) 600℃

(c) 800℃

(d) 1000℃　　　　　　　　(e) 1200℃　　　　　　　　(f) 1400℃

图 6.5　NbMoTaWV 难熔高熵合金试样在 600～1400℃下氧化 30min 后的宏观形貌

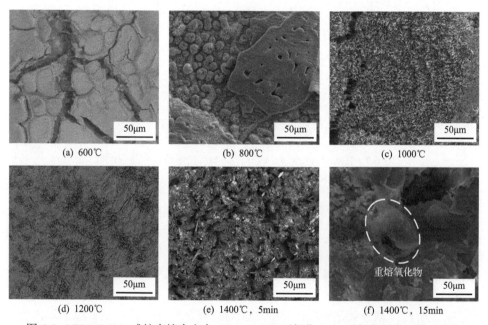

(a) 600℃　　　　　　　　(b) 800℃　　　　　　　　(c) 1000℃

(d) 1200℃　　　　(e) 1400℃，5min　　　　(f) 1400℃，15min

图 6.6　NbMoTaWV 难熔高熵合金在 600～1400℃下氧化 5min 后氧化层表面微观形貌

和(f)可以看出，与氧化 5min 相比，氧化 15min 后的氧化层表面变得平整，且观测到了部分氧化物的重熔现象。高温下熔融的氧化物能够封堵由于应力产生的裂缝和氧化物挥发产生的孔洞，降低了氧气内扩散的速度，因此该合金在 1400℃下氧化时反而表现出较好的抗氧化能力。

　　采用 Hf、Zr 或 Ti 等元素取代 W、Ta 等难熔元素，可有效降低难熔高熵合金的密度，改善合金的室温韧性，同时还能保持一定的高温强度[8,9]。例如，HfMoNbZrTi 难熔高熵合金在 1000℃下的屈服强度为 635MPa，而 HfNbTaTiZr 难熔高熵合金在 1200℃下的屈服强度能够保持在 404MPa。HfNbZrTi 合金既有难熔高熵合金高温下良好的力学性能，又具有优异的延展性和可加工性。此外，

Hf、Zr 和 Ti 及其合金能够形成 PBR 值在 1～2 的致密氧化层，具有较好的抗氧化性能。采用热重分析仪对 HfNbZrTi 难熔高熵合金进行动态氧化试验，探究温度变化对合金氧化行为的影响。图 6.7 为 HfNbZrTi 难熔高熵合金的差示扫描量热（differential scanning calorimetry, DSC）和热重（thermogravimetry, TG）曲线。

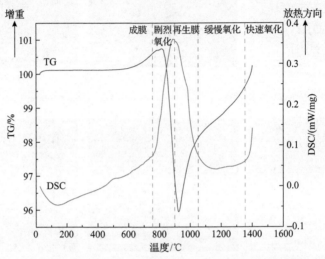

图 6.7　HfNbZrTi 难熔高熵合金的差示扫描量热和热重曲线

因此，HfNbZrTi 难熔高熵合金的氧化行为随氧化温度的增加产生了不同的变化，可以将 HfNbZrTi 难熔高熵合金的氧化行为按照温度区间分为以下五个阶段。

第一阶段：成膜阶段。750℃以下合金的 TG 曲线和 DSC 曲线缓慢上升，说明合金逐渐氧化增重并释放热量，但是氧化速度很慢。这是因为氧化温度较低，在该温度段，Ti、Zr 等元素能够在合金表面生成致密的氧化层，对基体起到较强的保护作用。

第二阶段：剧烈氧化阶段。750～900℃时合金的 TG 曲线呈直线下降趋势，DSC 曲线则迅速攀升，说明合金迅速发生氧化反应使质量迅速下降。此时可以观察到粉末状氧化物随着空气气流排出，表明此温度段下生成的氧化物无法黏附在基体表面形成氧化层，基体一直处于与氧气直接接触的状态，因此氧化速度保持在一个较高水平。

第三阶段：再生膜阶段。900～1050℃时合金的 TG 曲线开始逐渐回升，DSC 曲线逐渐下降，说明此时生成的氧化物不再脱落，能够形成氧化层黏附在基体表面起到一定的保护作用，氧化速度开始放缓。

第四阶段：缓慢氧化阶段。1050～1350℃时合金的 TG 曲线上升速度率放缓，DSC 曲线也维持在较低的速度，说明此时生成的氧化层较为稳定致密，能够对基体起到较强的保护作用，氧化速度明显减缓。

第五阶段：快速氧化阶段。1350℃以上时合金的 TG 曲线和 DSC 曲线均以较大速度迅速上升，说明原先生成的氧化层逐渐失去保护效果，氧化速度增加。

图 6.8 为 HfNbZrTi 难熔高熵合金在 1200℃下氧化 3h 后截面元素分布。合金表层存在明显的内氧化区，且存在横向、纵向大裂纹。内氧化区中各组成元素均匀分布，并未出现明显的阶梯式扩散现象，说明由于合金的迟滞扩散效应，高亲氧活性元素（如 Hf、Zr 和 Ti）未发生选择性外扩散氧化。XRD 分析结果表明，该氧化层中的主要组成相为 $Nb_2Zr_6O_{17}$、$HfTiO_4$ 和 $TiNb_2O_7$。高温下 Ti、Zr 的氧化产物与 Nb、Hf 等的氧化产物发生固相反应生成这些三元氧化产物，三元氧化物 $Nb_2Zr_6O_{17}$ 在 1000℃以上的氧化过程中对减缓氧化速度起到积极作用。

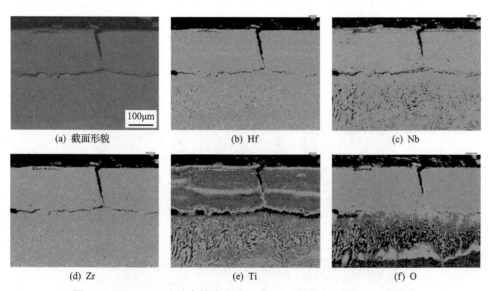

(a) 截面形貌　　　　　　　　(b) Hf　　　　　　　　(c) Nb

(d) Zr　　　　　　　　(e) Ti　　　　　　　　(f) O

图 6.8　HfNbZrTi 难熔高熵合金在 1200℃下氧化 3h 后截面元素分布

6.1.2　合金化法提高难熔高熵合金的抗氧化性能

合金化法即在合金中添加对抗氧化性能有益的元素来提高自身的抗氧化性，目前的研究主要集中于将高熔点元素（Hf、Mo、Nb、Ta、W、Zr）与抗氧化元素（Al、Cr、Ti、Si）结合在一起，希望合金的高温强度和高温抗氧化性能得以兼顾。

NbMoTaWTi 难熔高熵合金主要由单 BCC 固溶体相组成，而 NbMoTaWZr 难熔高熵合金由 BCC 固溶体相和富 Zr 相组成[10]。图 6.9 为 NbMoTaWTi 和 NbMoTaWZr 难熔高熵合金在 1200℃下的氧化动力学曲线及氧化不同时间后的宏观形貌[10]。在 1200℃下氧化 5min 后，NbMoTaWTi 难熔高熵合金表面生成的氧化产物还完整地黏附在基体上，而 NbMoTaWZr 难熔高熵合金表面生成的灰白色氧化层已在棱边处发生开裂；氧化 0.5h 后，两合金均发生了较严重的氧化现象，NbMoTaWTi 难熔高

熵合金表面生成了较厚的氧化层，且在降温过程中发生了整体脱落，而 NbMoTaWZr
难熔高熵合金表面生成的氧化层呈"炸裂"状；氧化 3h 后，NbMoTaWTi 难熔高熵
合金已全部被氧化且剥落成层片状氧化物，而 NbMoTaWZr 难熔高熵合金已被氧化
成"爆米花"状，两合金均发生了严重氧化。

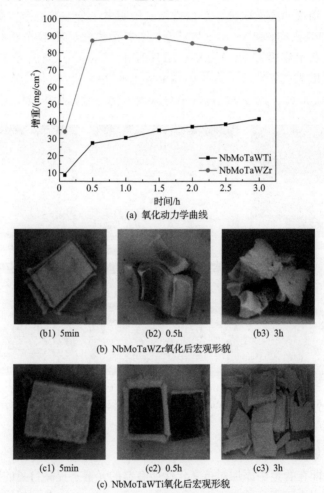

(a) 氧化动力学曲线

(b1) 5min　　　　　　(b2) 0.5h　　　　　　(b3) 3h

(b) NbMoTaWZr氧化后宏观形貌

(c1) 5min　　　　　　(c2) 0.5h　　　　　　(c3) 3h

(c) NbMoTaWTi氧化后宏观形貌

图 6.9　NbMoTaWTi 和 NbMoTaWZr 难熔高熵合金在 1200℃下的氧化动力学曲线
及氧化不同时间后的宏观形貌[10]

图 6.10 为 NbMoTaWTi 和 NbMoTaWZr 难熔高熵合金在 1200℃下氧化 5min
后的横截面 BSE 图[10]。从图 6.10 (a) 可以看出，NbMoTaWTi 难熔高熵合金表面
氧化层厚度约为 68μm，与基体黏附牢固，呈现明显的分层结构，EDS 分析结果表
明，氧化层由外到内 O 含量逐渐降低，而合金元素占比变化不大，只有 W、Mo 含
量在氧化层外层明显偏低。NbMoTaWTi 难熔高熵合金氧化主要以 O 的内扩散为主，

而 W、Mo 氧化产物（如 MoO₃、WO₃）在高温下易挥发，从而导致氧化层外层 W、Mo 含量偏低且组织疏松多孔。从图 6.10（b）可以看出，相比 NbMoTaWTi 难熔高熵合金，NbMoTaWZr 难熔高熵合金在 1200℃下氧化 5min 后的氧化情况较为严重，其表面氧化层厚度约为 190μm，氧化层外层较致密，但中间层出现横贯式连续性裂纹，易发生剥落。从图 6.10（c）可以看出，氧化层外层主要由亮灰色大块板条状富 Nb 和 Ta 的氧化物和灰色颗粒状富 Zr 和 Mo 的氧化物组成，其形貌特征分别与氧化前合金的枝晶组织和枝晶间组织相对应，进一步证明了合金的氧化主要是以 O 元素的内扩散为主。

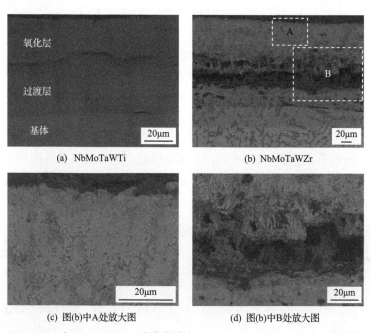

(a) NbMoTaWTi　　　　　　　　　(b) NbMoTaWZr

(c) 图(b)中A处放大图　　　　　　(d) 图(b)中B处放大图

图 6.10　NbMoTaWTi 和 NbMoTaWZr 难熔高熵合金在 1200℃下氧化 5min 后的横截面 BSE 图[10]

　　NbMoTaWTi 和 NbMoTaWZr 难熔高熵合金在 1200℃恒温氧化时都以内氧化为主。合金中含有的大部分难熔金属元素在高温下与氧的亲和力都较大，加上缺乏保护性氧化膜（如 Al₂O₃、Cr₂O₃ 或 SiO₂ 等）的形成，O 元素内扩散的速度较快。相对于其他难熔金属元素，添加的 Ti 和 Zr 元素在 1200℃下具有更强的亲氧能力，但两种合金氧化时并没有明显的 Ti 和 Zr 氧化物的选择性生成，都是与其他难熔金属氧化物以复合的形式存在。这是因为一方面，Ti 和 Zr 的原子尺寸较大，不易像 Al 或 Cr 等小原子易扩散发生选择性氧化；另一方面，高熵合金的迟滞扩散效应也对其氧化行为造成了影响。氧化初期，O 元素扩散进入合金中，与合金元素反应生成相应的高价氧化物，其中 ZrO₂、TiO₂、Ta₂O₅ 和 Nb₂O₅ 等在高温下为固相，而 WO₃ 和 MoO₃ 在高温下为气态，易挥发，导致生成的氧化层疏松多孔，无阻氧能力。氧化过程中，O 元素继续穿透外层氧化层向合金内扩散，已生成的简单氧化物之间在高温下又发生反应生成更杂的多元氧化物，如 $Ti_2Nb_{10}O_{29}$、$Nb_{14}W_3O_{44}$、$Nb_2Zr_6O_{17}$ 等。随着氧化时间的延长，氧化产物增多，氧化层增厚，氧化层内应力不断增大，当达到其强度极限时便产生了裂纹甚至剥落现象。

　　Cr 元素在结构钢和工具钢中常被用来提高钢的抗氧化性。然而，对于难熔高熵合金，单独添加 Cr 对其抗氧化性能的改善不明显。这是因为当氧化温度在 1000℃以上时，Cr 的氧化产物 Cr_2O_3 会继续氧化生成气态 CrO_3，1300℃时完全丧失保护能力。由于 Al 的热力学活性较高，在难熔高熵合金中同时加入 Al 和 Cr，氧化时 Al 会优先与氧气反应生成 Al_2O_3，同时生成的 Cr_2O_3 也会被 Al 置换生成 Al_2O_3，从而加快 Al 与氧气结合的速率，增强合金的抗氧化性。

　　图 6.11 为 TaMoTiCrAl 难熔高熵合金在 1000℃下氧化 48h 后截面 SEM 图和元素分布[11]。TaMoTiCrAl 难熔高熵合金表面生成了由外到内分别为 TiO_2、Al_2O_3 和 Cr_2O_3 的多层氧化层。由于 Al_2O_3 可以与 WO_3 反应生成 $Al_2(WO_4)_3$，WMoTiCrAl 难熔高熵合金表面难以形成单独的 Al_2O_3 保护层，因此 WMoTiCrAl 难熔高熵合金的抗氧化性能比 NbMoTiCrAl 和 TaMoTiCrAl 难熔高熵合金要差。对比 NbMoTaW 难熔金属的严重氧化现象，TaMoTiCrAl 难熔高熵合金的抗氧化性能可达到镍基合金的水平，说明 Al 元素对难熔高熵合金的抗氧化性能提升显著，氧化层中 Al_2O_3 含量直接影响合金的抗氧化性能。

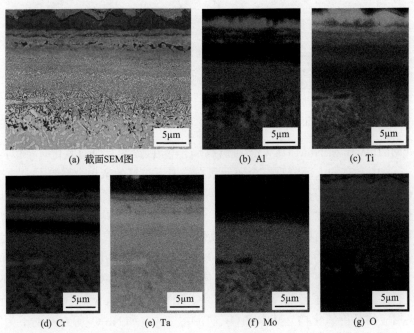

(a) 截面SEM图　　　　　(b) Al　　　　　(c) Ti

(d) Cr　　　　(e) Ta　　　　(f) Mo　　　　(g) O

图 6.11　TaMoTiCrAl 难熔高熵合金在 1000℃下氧化 48h 后截面 SEM 图和元素分布[11]

难熔高熵合金 MoNbTiCrAl 在 1100℃下氧化 50h 后的氧化增重低于 10mg/cm^2，表面氧化物包括 Nb_2O_5、Al_2O_3、TiO_2，不存在 Cr_2O_3 是由于其形成能与 Nb_2O_5 相近，而 Nb 对氧更加敏感，从而优先生成了 Nb 的氧化物。Nb_2O_5 是一种非致密氧化物，并不能起到保护作用，从而使 N 和 O 内扩散速度增大，并在元素贫化区形成氮化物。加入了原子分数为 1%的 Si 元素后，合金的氧化增重明显减小，这是由于 Si 的加入提高了 Cr、Al 的氧化活性，促进了短期内保护性氧化膜的形成[12]。

图 6.12 为 NbMoTaWVSi 难熔高熵合金在 1200℃下氧化 30min 后截面 SEM 图和元素分布。Si 能够释放 NbMoTaWV 难熔高熵合金氧化层的生长应力，使其具有较好的保护作用，氧化增重规律由直线氧化增重转化为抛物线氧化增重。由于扩散迟滞效应，Si 无法在试样表面生成连续的 SiO_2 保护膜，并且 SiO_2 无法固溶在 Nb-Ta-W 氧化物颗粒中，无法阻止 Mo、V 氧化物的挥发。因此，Si 的合金化对 NbMoTaW 难熔高熵合金抗氧化性能的提升极为有限。

图 6.13 为 HfNbZrTiSi 难熔高熵合金在 1200℃下氧化 1440min 后截面 SEM 图和元素分布。对于本身具有一定抗氧化性能的 HfNbZrTi 难熔高熵合金，Si 的加入能够降低氧化层中的溶氧量，从而减弱内氧化现象，显著提升合金的抗氧化性能。尤其是在 1200℃下 HfNbZrTi 难熔高熵合金内氧化现象更加严重的阶段，Si 的合金化能够较为明显地减弱内氧化现象，对抗氧化性的提升更加显著。

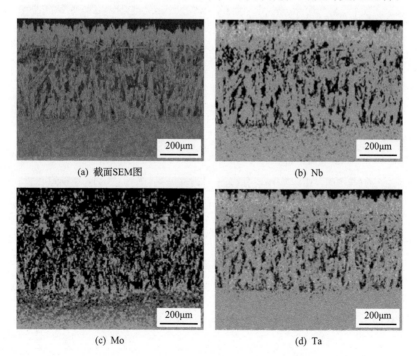

(a) 截面SEM图　　　　　　　　　　(b) Nb

(c) Mo　　　　　　　　　　(d) Ta

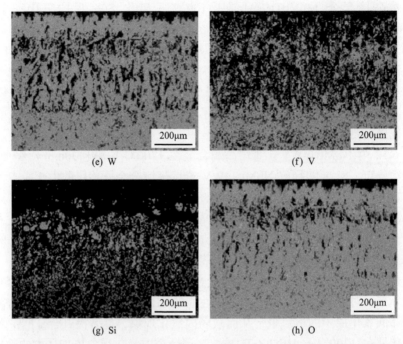

图 6.12　NbMoTaWVSi 难熔高熵合金在 1200℃下氧化 30min 后的截面 SEM 图和元素分布

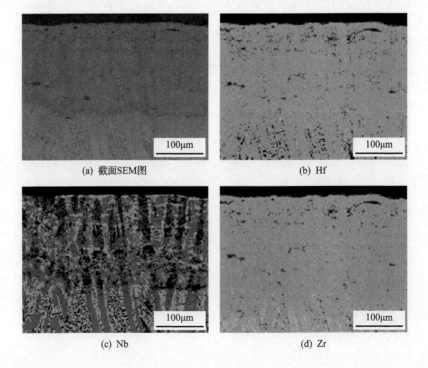

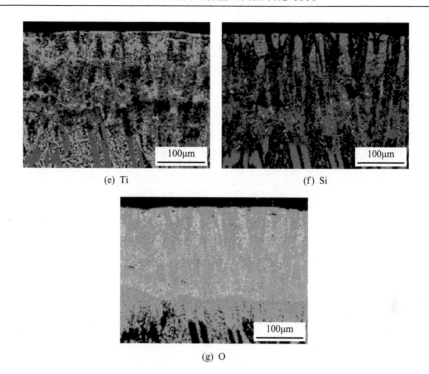

(e) Ti

(f) Si

(g) O

图 6.13　HfNbZrTiSi 难熔高熵合金在 1200℃下氧化 1440min 后截面 SEM 图和元素分布

添加 Al、Si、Cr 等能形成保护性氧化膜的元素可提升难熔金属高熵合金的抗氧化性能，但是这些元素的添加会形成金属间化合物，如 Nb_5Si_3、Mo_5Si_3、Al_3Nb、Cr_2Nb 等。Al、Si 和难熔元素具有较大的负混合焓，Si 和 Cr 具有较小的原子半径，都不利于固溶体的形成，造成难熔高熵合金的室温脆性增大，高温强度和蠕变性能下降。因此，合金化方法虽然能提高抗氧化性能，但其以牺牲难熔高熵合金优异的高温力学性能为代价，存在较大的局限性。

6.2　难熔高熵合金表面抗氧化涂层技术

表面抗氧化涂层技术是在保持难熔高熵合金优良高低温力学性能的基础上施加表面涂层，在高温下对合金提供抗氧化防护。抗氧化涂层技术的基本原理是利用涂层阻挡氧气与基体的直接接触，从而达到防止氧化的目的。涂层必须涂覆在工件的所有表面，具有较高的熔点、较低的氧气渗透能力、低挥发性、良好的热膨胀系数匹配性和高温自愈合能力。高温表面抗氧化涂层技术已成为热端部件可靠服役的重要技术保障。

目前针对难熔金属及合金表面抗氧化涂层材料与制备技术已开展了大量的研究，且部分已得到成功的应用。一般来说，适用于难熔金属及合金的抗氧化涂层技术同样可应用于难熔高熵合金，尤其是以热喷涂、涂镀、熔覆等为制备手段的涂层材料与技术。目前，难熔高熵合金表面抗氧化涂层方面的研究相对较少，已有的研究主要集中在采用包埋渗或料浆烧结等手段制备的铝、硅渗(涂)层。

6.2.1 包埋渗铝涂层

渗铝涂层是一种比较成熟且在铁基合金、镍基合金表面应用广泛的高温防护涂层，渗入的 Al 与基体合金反应形成金属间化合物渗层，其在高温环境下与氧反应表面生成具有保护性的 Al_2O_3 膜，为合金提供抗氧化保护。图 6.14 为 NbMoTaWV 难熔高熵合金表面渗铝涂层显微结构分析。渗铝涂层组织均匀致密，与基体呈冶金结合。涂层内存在一些微裂纹，这可能是铝化物相较脆的特性和包埋渗过程中涂层与基体之间热膨胀系数的不匹配共同引起的。表面 XRD 分析中检测到了富铝的金属间化合物相，这些相由 Al_3Ta、Al_3V 和 Al_3Nb 组成，均为四方晶系；未准确检测到 Mo 和 W 与 Al 组成的金属间化合物相，但在涂层区域的 EDS 面扫分析中检测到了均匀分布的 Mo 和 W 元素。涂层内基体元素和铝元素分布均匀，未出现明显的元素偏析或聚集。对涂层区域进行 EDS 元素分析，各元素的原子分数分别为 73.95%(Al)、4.68%(W)、4.43%(Ta)、4.58%(V)、10.28%(Nb)、2.08%(Mo)。可以看出，Al 元素的含量最高，其与其余五种基体元素含量的比值接近于 3:1，因此 NbMoTaWV 难熔高熵合金表面包埋渗铝得到的涂层为高熵铝化物 Al_3(NbMoTaWV)。

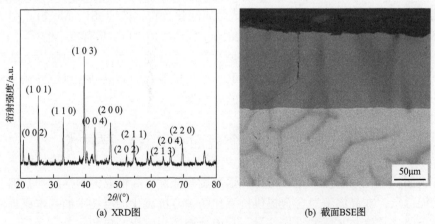

(a) XRD图　　　　　　　　　(b) 截面BSE图

图 6.14　NbMoTaWV 难熔高熵合金表面渗铝涂层显微结构分析

在高温下，铝粉会和活化剂发生反应，铝元素被转移至挥发性的气态卤化物 AlF_x 中，混合的渗剂粉末具有较高的热力学活性。较大的热力学活性差距带来的分压梯度使气态传输介质不断向 NbMoTaWV 难熔高熵合金基体的表面迁移和沉积，随后 AlF_x 在基体表面发生了歧化反应，分别生成活性铝原子和气态 AlF_{x+1}。活性铝原子在与基体接触后形成较薄的初始铝化物涂层，并通过 NbMoTaWV 难熔高熵合金内空位和晶界等缺陷向内部扩散。随着 Al₃(NbMoTaWV)金属间化合物的生成，涂层逐渐变厚，渗铝涂层的速率也主要由固态扩散决定。其中主要涉及的反应为

$$Al(s) + xNaF(l) \longrightarrow AlF_x(g) + xNa(g)$$

$$(x+1)AlF_x(g) \longrightarrow Al(s) + xAlF_{x+1}(g)$$

$$3Al(s) + NbMoTaWV(s) \longrightarrow Al_3(NbMoTaWV)(s)$$

温度是影响扩散的最直接因素，当温度升高时，扩散系数增大，原子更容易克服势垒实现迁移；NbMoTaWV 难熔高熵合金基体内的空位浓度也会上升，增加了原子迁移的概率，从而使渗层的厚度增加。但温度较高时，棱角处的渗铝涂层会因为温度变化而引入较大应力，涂层会出现开裂，这些棱角处的裂口可能会成为氧化过程中氧气内扩散的通道，为涂层的失效埋下隐患。

为了探究保温温度对 NbMoTaWV 难熔高熵合金表面渗铝涂层组织结构的影响，对分别在 900℃、950℃和 1000℃下保温 5h 制备的涂层进行分析。三个温度下制备的渗铝涂层均为 Al₃(NbMoTaWV)，组织结构没有发生变化，只是涂层厚度随着温度的升高而增加。

图 6.15 为 NbMoTaWV 难熔高熵合金基体和渗铝涂层在 800℃下的氧化动力学曲线。对渗铝涂层的氧化动力学进行拟合，拟合后的曲线如图 6.15(b)所示，拟合方程为

$$\Delta m_3 = -0.36 + 1.48 t^{\frac{1}{2}}, \quad 0\text{h} \leqslant t \leqslant 24\text{h} \tag{6.1}$$

式中，Δm 为渗铝样品氧化后的单位面积增重，mg/cm²；t 为氧化时间，h。

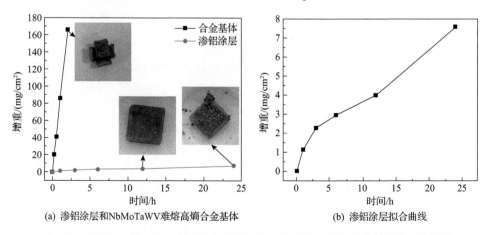

(a) 渗铝涂层和NbMoTaWV难熔高熵合金基体　　　　(b) 渗铝涂层拟合曲线

图 6.15　NbMoTaWV 难熔高熵合金基体和渗铝涂层在 800℃下的氧化动力学曲线

渗铝涂层对 NbMoTaWV 难熔高熵合金基体在 800℃下具有较好的保护作用，氧化动力学基本符合抛物线规律，但后期由于样品边角处缺陷，氧化增重增幅变大。

6.2.2　包埋渗硅涂层

硅化物涂层熔点高，具有良好的热稳定性，使用温度可达 1800℃，氧化时在其表面形成的 SiO_2 可有效阻止氧向内部扩散；SiO_2 在高温下还具有一定的流动性，使涂层具有自愈能力，并能承受一定的变形，且成本低廉，因此是目前难熔金属及合金上应用最为广泛的抗氧化涂层体系。

图 6.16 为 NbMoTaWV 难熔高熵合金表面渗硅涂层显微结构分析。可以看出，渗硅涂层结构致密、组织均匀，由单一物相组成。涂层区域 Si 含量最高，其余基体元素分布均匀，无元素偏析和聚集，表现出良好的化学均匀性。结合 XRD 分析结果可知，硅化物涂层由单相高熵硅化物 $(NbMoTaWV)Si_2$ 组成，为六方晶系。

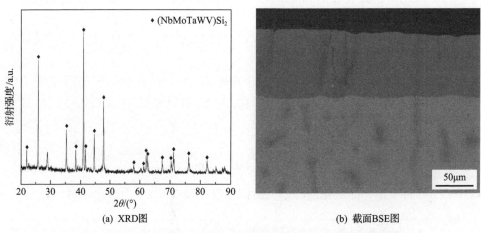

(a) XRD图　　　　　　　　　　　　　(b) 截面BSE图

图 6.16　NbMoTaWV 难熔高熵合金表面渗硅涂层显微结构分析

高熵硅化物 $(NbMoTaWV)Si_2$ 涂层的形成过程是渗剂中的活性 Si 原子在 NbMoTaWV 难熔高熵合金表面的沉积与渗入。含有 Si 源的气态卤化物 SiF_x 逐渐迁移至基体表面，在基体表面分解产生活性 Si 原子。在 Si 浓度梯度的驱动下，活性 Si 原子开始向 NbMoTaWV 难熔高熵合金内扩散，并与之反应形成难熔高熵硅化物 $(NbMoTaWV)Si_2$。主要涉及的反应为

$$Si(s) + xNaF(l) \longrightarrow SiF_x(g) + xNa(g)$$

$$(x+1)SiF_x(g) \longrightarrow Si(s) + xSiF_{x+1}(g)$$

$$2Si(s) + NbMoTaWV(s) \longrightarrow (NbMoTaWV)Si_2(s)$$

在高熵硅化物 $(NbMoTaWV)Si_2$ 中,五种金属元素随机分布在不同的阳离子空位上,其各不相同且相差较大的原子半径不仅带来了严重的晶格畸变,还引入了大量稳定的空穴晶格位。具有较高迁移能垒的晶格空位能够引起迟滞扩散效应,从而阻碍阳离子在 $(NbMoTaWV)Si_2$ 中的扩散。

随着高熵这一概念的不断拓展,高熵的理念逐步被转移到陶瓷相上,出现了高熵硼化物、高熵氧化物、高熵碳化物和高熵硅化物等。高熵硅化物主要有 $(Mo_{0.2}Nb_{0.2}Ta_{0.2}Ti_{0.2}W_{0.2})Si_2$、$(Mo_{0.2}W_{0.2}Cr_{0.2}Ta_{0.2}Nb_{0.2})Si_2$、$(CrMoTaVNb)Si_2$ 和 $(CrMoTa)Si_2$,均为单相固溶体,C40 六方晶系结构。高熵硅化物中一些特殊的效应使其部分性能得到优化,如高熵效应使 $(Mo_{0.2}Nb_{0.2}Ta_{0.2}Ti_{0.2}W_{0.2})Si_2$ 和 $(Mo_{0.2}W_{0.2}Cr_{0.2}Ta_{0.2}Nb_{0.2})Si_2$ 的力学性能有了一定程度的提升,进而获得了更高的维氏硬度。其中 $(Mo_{0.2}W_{0.2}Cr_{0.2}Ta_{0.2}Nb_{0.2})Si_2$ 在抗氧化性能上表现优异,其在中低温段的灾难性粉化氧化现象被彻底消除。

图 6.17 为 NbMoTaWV 难熔高熵合金渗硅样品在 1200℃ 下氧化不同时间后表面 SEM 形貌。可以看出,在氧化 3h 后,表面就形成了均匀且连续的 SiO_2 保护膜。在氧化 24h 和 48h 后,表面也未看出 MoO_3 和 WO_3 这类针须状的形貌以及氧化物挥发所留下的孔洞,这说明表层的 SiO_2 保护膜性质稳定,结构致密,为基体提供的抗氧化防护效果较好。

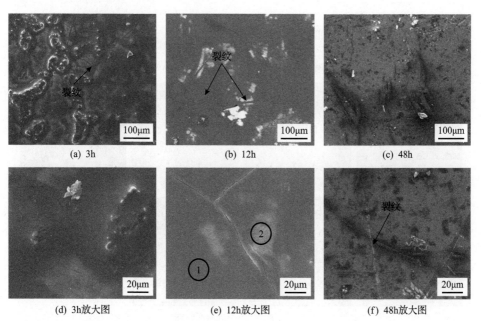

图 6.17 NbMoTaWV 难熔高熵合金渗硅样品在 1200℃ 下氧化不同时间后表面 SEM 形貌

图 6.18 为 NbMoTaWV 难熔高熵合金渗硅样品在 1200℃ 下氧化 6h 后截面形

貌和元素分布。可以看出，氧化 6h 后，渗硅样品截面结构从外至内可以分为四层，分别为最外层氧化层、残余渗硅涂层、过渡层和基体。最外层氧化层与残余渗硅涂层结合良好，但氧化膜在渗硅涂层表面不同区域的厚度并不均匀。在氧化层区域除致密和连续的 SiO_2 保护膜外，未看出如 WO_3 之类的针棒状氧化物。此外，在渗硅涂层内部可以观察到一些大尺寸贯穿性裂纹，这是由循环氧化过程中温度变化带来的热应力引起的，这些贯穿性裂纹会影响渗硅涂层的抗氧化性能。从图 6.18（b）可以看出，过渡层的厚度约为 5μm。经 EDS 能谱分析，过渡层区域 Si 的含量明显低于涂层，过渡层的物相组成为 $(NbMoTaWV)_5Si_3$。从图 6.18（c）可以看出，各基体元素和 Si 元素较为均匀地分布在涂层区域，说明氧化过程中未出现元素的偏析和聚集，Si 含量在涂层内也未出现明显的梯度变化。O 元素主要富集在氧化层区域，此区域 Si 含量也比其余基体元素含量高，说明表层氧化层中主要相为 SiO_2。SiO_2 保护膜在氧化过程中有效地阻止了氧的内扩散，为基体提供了较好的抗氧化防护。

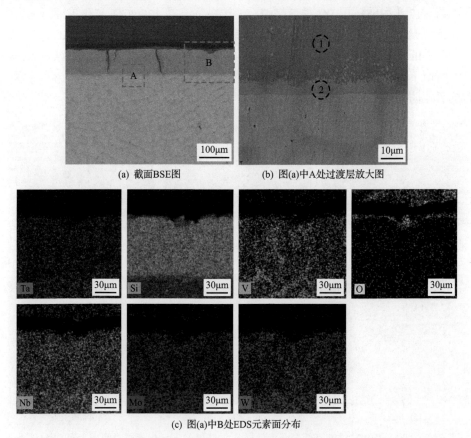

(a) 截面BSE图　　　　　　　(b) 图(a)中A处过渡层放大图

(c) 图(a)中B处EDS元素面分布

图 6.18　NbMoTaWV 难熔高熵合金渗硅样品在 1200℃下氧化 6h 后截面形貌和元素分布

图 6.19 为渗硅涂层和 NbMoTaWV 难熔高熵合金基体在 1200℃下的氧化动力

学曲线。可以看出，在 1200℃下，NbMoTaWV 难熔高熵合金质量随时间的增长速度很快，氧化 30min 后质量增重就达到了最大值，之后受挥发性氧化物的影响，基体的质量出现了失重。与合金氧化质量增重形成鲜明对比，渗硅涂层样品在氧化过程中的质量增重平稳且较低。在 1200℃下氧化 48h 后，质量增重只有 3.63mg/cm²，此时从渗硅样品的宏观形貌图中可以观察到，表面棱角处出现了小部分涂层的失效，少量黄白色氧化物黏附于此，但大部分涂层表面依旧保持完整。在氧化 96h 后，棱角处的涂层失效区域逐渐扩大，由内向外呈花状展开，颜色由黄白色转变为棕黄色，此时的质量增重为 14.26mg/cm²。在氧化初期，由于 SiO_2 保护膜的形成，质量增重经历了一个较快的增长期，对应图中的 0~12h 阶段。当涂层表面生成的 SiO_2 能够完全覆盖涂层时，SiO_2 致密的特性能够很有效地隔绝氧气和基体，质量增重速度也因此缓和下来。但在 48h 后，图中质量增重速度出现了明显的上升，这是因为在 48h 涂层已经开始出现局部失效，在棱角处出现了局部氧化，失效后的涂层为氧气的内扩散提供了快速通道，涂层和基体的失效即由点及面逐渐展开。图 6.20 为渗硅涂层失效机理图。

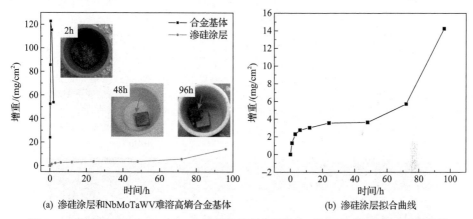

(a) 渗硅涂层和 NbMoTaWV 难溶高熵合金基体　　(b) 渗硅涂层拟合曲线

图 6.19　渗硅涂层和 NbMoTaWV 难熔高熵合金基体在 1200℃下的氧化动力学曲线

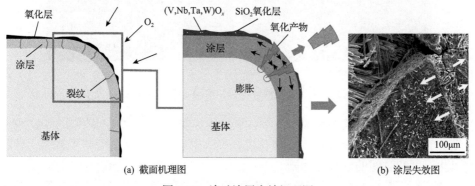

(a) 截面机理图　　　　　　　　　　(b) 涂层失效图

图 6.20　渗硅涂层失效机理图

6.2.3　料浆烧结硅化物涂层

　　料浆烧结法是将涂层材料制成符合一定要求的粉料后与溶剂混合制成料浆，涂覆在基体材料表面，干燥后置于高温惰性气氛中烧结制成。由于制备工艺较为简单，涂层的厚度较易控制，适合对大型件和异形结构件进行大批量加涂，料浆烧结硅化物涂层在难熔合金高温氧化防护方面有着重要的应用。

　　Si-Cr-Fe、Si-Cr-Ti 涂层是在难熔金属铌合金上已成功得到应用的抗氧化涂层体系，以 Si-Cr-Fe 涂层体系为例，采用料浆烧结法在 MoNbTaTiW 难熔高熵合金表面制备硅化物涂层。图 6.21 为 MoNbTaTiW 难熔高熵合金料浆烧结 Si-Cr-Fe 涂层截面 SEM 及 EDS 面分布[13]。可以看出，硅化物涂层具有双层结构：外层较厚，硅含量较高；内层较薄，硅含量较低，A 区和 B 区的 Si 含量分别为 66.2%和 37.9%，外层成分主要为二硅化物（如 WSi_2、$TiSi_2$、$MoSi_2$ 等），内层成分主要为低硅硅化物。涂层内层中 Cr 和 Fe 元素的含量要远高于外层。

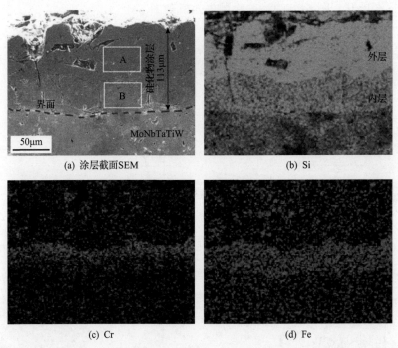

(a) 涂层截面SEM　　　　　　　　　　(b) Si

(c) Cr　　　　　　　　　　(d) Fe

图 6.21　MoNbTaTiW 难熔高熵合金料浆烧结 Si-Cr-Fe 涂层截面 SEM 及 EDS 面分布[13]

　　硅化物涂层在有氧的高温环境下会氧化生成复杂的氧化物和致密的 SiO_2 膜，阻挡 O 向涂层内部和基体扩散。氧化过程中涂层与基体会发生互扩散现象，且随着氧化温度和时间的增加而加剧。图 6.22 为 MoNbTaTiW 难熔高熵合金料浆烧结 Si-Cr-Fe 涂层经 1300℃氧化 1h 后的截面结构[13]。氧化后，涂层分为氧化层和硅化层，涂层厚度约为 397μm，涂层厚度增加的主要原因是 Si、Cr 和 Fe 向基体中扩散，且高温下 Si 的扩散速度要远大于 Cr 和 Fe。氧化层主要由金属氧化物 $CrNbO_4$ 和 SiO_2 组成。

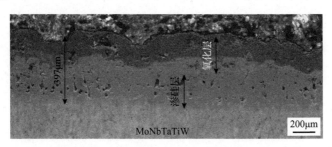

图 6.22　MoNbTaTiW 难熔高熵合金料浆烧结 Si-Cr-Fe 涂层经 1300℃氧化 1h 后的截面结构[13]

图 6.23 为 NbMoTaWZr 难熔高熵合金料浆烧结 Si-Cr-Ti 涂层表面 SEM 图。可以看出，涂层表面凹凸不平较粗糙，主要由板条状组织及少量颗粒状组织相互交错而成。对涂层表面的点 1 和点 2 处分别进行能谱分析，点 1 处元素原子分数分别为 46.5%（Ti）、10%（Zr）和 43.5%（Si），点 2 处元素原子分数分别为 29.3%（Nb）、11.5%（Mo）、15.5%（Ta）和 43.7%（Si），涂层中呈现出明显的多相硅化物组织，且以低硅硅化物为主。在涂层烧结过程中，Si 与涂层元素发生烧结反应的同时，也向涂层内部和基体发生扩散，而 Ti、Cr 和 Zr 等金属的原子尺寸较大，活性较低，扩散速度远小于 Si，因此表面以低硅硅化物为主。

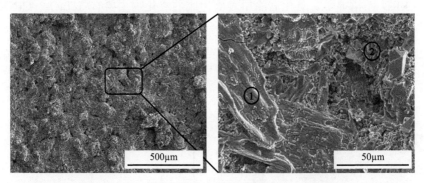

图 6.23　NbMoTaWZr 难熔高熵合金料浆烧结 Si-Cr-Ti 涂层表面 SEM 图

图 6.24 为 NbMoTaWZr 难熔高熵合金料浆烧结 Si-Cr-Ti 涂层截面 BSE 图。涂层厚度约为 210μm，最外层为低硅硅化物，中间层为低硅硅化物与二硅化物混合物，最内层为扩散层。对外层组织结构进行分析，EDS 分析表明标记点 1 和点 2 的 Si 原子分数分别为 64.37%和 39.57%，可知长条状的亮色组织为高硅硅化物 MSi_2（M 为难熔金属元素），灰色基体组织为低硅硅化物 M_5Si_3 或 M_5Si_4 等，即该层为低硅硅化物和高硅硅化物的混合区。

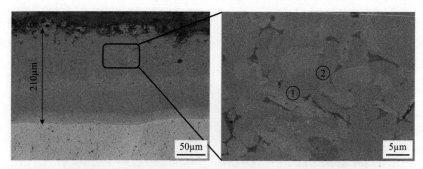

图 6.24 NbMoTaWZr 难熔高熵合金料浆烧结 Si-Cr-Ti 涂层截面 BSE 图

料浆烧结法在难熔高熵合金上制备的硅化物涂层呈多层多相结构，主要由低硅硅化物和二硅化物构成。涂层组织结构与包埋渗硅涂层存在明显不同，这是由其形成过程决定的。料浆烧结法制备硅化物涂层时，Si 元素与涂层元素反应生成相应的低硅硅化物和二硅化物，同时 Si 会向基体合金扩散，与基体合金反应，这与包埋渗工艺中 Si 的渗入反应相似，此外，还会发生基体元素向涂层的外扩散，尽管难熔元素熔点较高和原子尺寸较大，扩散较慢，但涂层中依然能检测出基体元素。

图 6.25 为 NbMoTaWZr 难熔高熵合金料浆烧结 Si-Cr-Ti 涂层经 1500℃氧化 30h 后宏观形貌和表面 XRD 图谱。氧化后涂层试样表面氧化皮呈暗黄色，牢固地黏附在基体试样上，无剥落或开裂现象，说明 Si-Cr-Ti 涂层具有良好的高温抗氧化性能。XRD 图谱显示，氧化后涂层表面生成的氧化物主要有 $TiTaO_4$、$CrNbO_4$、TiO_2、SiO_2 和 $ZrSiO_4$。

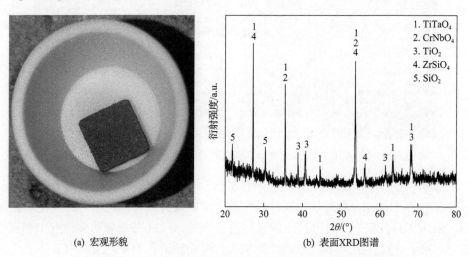

(a) 宏观形貌   (b) 表面XRD图谱

图 6.25 NbMoTaWZr 难熔高熵合金料浆烧结 Si-Cr-Ti 涂层经 1500℃氧化 30h 后宏观形貌和表面 XRD 图谱

图 6.26 为 NbMoTaWZr 难熔高熵合金表面 Si-Cr-Ti 涂层经 1500℃氧化 30h 后横截面 BSE 图。可以看出，涂层表面生成了较厚的、致密连续的氧化膜，氧化膜主要由黑色类玻璃体和灰色氧化物颗粒组成。由 EDS 分析结果可知，灰色的颗粒主要是 TiO_2、$ZrSiO_4$、$TiTaO_4$ 等金属氧化物的混合物，黑色类玻璃体为 SiO_2。这种复合氧化物膜中，致密的玻璃态 SiO_2 主要起到阻氧作用，而高熔点的金属氧化物以"骨架"形式填充其中，这种结构可有效提高 SiO_2 膜的抗烧蚀氧化能力。经 1500℃氧化 30h 后，氧化膜下还保留有较厚的残余涂层，且仍主要以硅化物为主，料浆烧结 Si-Cr-Ti 涂层对 NbMoTaWZr 难熔高熵合金具有良好的长效保护能力。

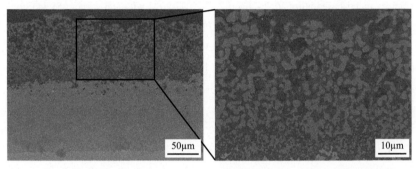

图 6.26　NbMoTaWZr 难熔高熵合金表面 Si-Cr-Ti 涂层经 1500℃氧化 30h 后横截面 BSE 图

参 考 文 献

[1] Senkov O N, Miracle D B, Chaput K J, et al. Development and exploration of refractory high entropy alloy—A review. Journal of Materials Research, 2018, 33(19): 3092-3128.

[2] 刘张全, 乔珺威. 难熔高熵合金的研究进展. 中国材料进展, 2019, 38(8): 768-774.

[3] Lavina B, Joshua G, Jian L, et al. Theoretical predictions of preferential oxidation in refractory high entropy materials. Acta Materialia, 2020, 197: 20-27.

[4] 李美栓, 钱余海, 辛丽. 合金上氧化物的体积比的分析. 腐蚀科学与防护技术, 1999, 11(5): 284-289.

[5] Backman L, Opila E J. Thermodynamic assessment of the group Ⅳ, Ⅴ and Ⅳ oxides for the design of oxidation resistant multi-principal component materials. Journal of the European Ceramic Society, 2019, 39(5): 1796-1802.

[6] 杨晓萌, 安子冰, 陈艳辉. 高熵合金抗氧化性能研究现状及展望. 材料导报, 2019, 33(S2): 348-355.

[7] 王康, 陈宇红, 王鸿业, 等. 高熵合金 $Mo_{25}Nb_{25}Ta_{25}W_{25}$ 的氧化行为. 特种铸造及有色合金, 2018, 38(6): 661-665.

[8] Senkov O N, Scott J M, Senkova S V, et al. Microstructure and room temperature properties of a high-entropy TaNbHfZrTi alloy. Journal of Alloys and Compounds, 2011, 509(20): 6043-6048.

[9] Wu Y D, Cai Y H, Wang T, et al. A refractory $Hf_{25}Nb_{25}Ti_{25}Zr_{25}$ high-entropy alloy with excellent structural stability and tensile properties. Materials Letters, 2014, 130: 277-280.

[10] 王鑫, 万义兴, 张平, 等. 难熔高熵合金 NbMoTaWTi/Zr 的高温氧化行为. 材料工程, 2021, 49(12): 100-106.

[11] Gorr B, Müller F, Azim M, et al. High-temperature oxidation behavior of refractory high-entropy alloys: Effect of alloy composition. Oxidation of Metals, 2017, 88(3): 339-349.

[12] Gorr B, Mueller F, Christ H J, et al. High temperature oxidation behavior of an equimolar refractory metal-based alloy 20Nb-20Mo-20Cr-20Ti-20Al with and without Si addition. Journal of Alloys and Compounds, 2016, 688: 468-477.

[13] Han J S, Su B, Meng J H, et al. Microstructure and Composition evolution of a fused slurry silicide coating on MoNbTaTiW refractory high-entropy alloy in high-temperature oxidation environment. Materials, 2020, 13: 3592.